21個地底大探索

蝸牛也懂的STEM自主學習

作・馬學綸　　　圖・文浩基

歡迎各位同學
來上我的課！
Dr.Helen

陳仔
阿囡

推薦序1

科學可以好「地」。

但在課堂上接觸到的生硬教材和抽象的術語，易令人產生科學高深難以理解的錯覺。

科學本來很「趣」，但因為課程框框和有限的課時，學生能夠接觸到的實驗操作和所得知識往往缺乏深入體會，也未必能與日常生活連繫，委實很難喚起他們對科學的興趣。講開又講，不知從那時起，田野考察原來已變成非必要，學生在課室以外的學習機會也剝削了(我找不到更貼切的形容詞)。

不要紧，反正真正趣的科學從來都不是從教科書中找的。

網絡有海量的科學資訊，不過要花些時間搜尋可靠的。繁體中文科普書的內容相對堅實，亦讓讀者較容易有系統地學習。但是，一些臺灣翻譯的版本不太易讀，大概是因為慣用的辭彙稍為不同吧。也因為是譯自英文或日文，這些原作者的文化背景和引用的例子，難免跟香港讀者有點距離。

因此，本土科普界出的書尤其可貴，《Helen博士21個地底大探索》中，馬博以一顆清純的心與無窮的想像力，透過一連串生動有趣的地底探險，將科學知識帶到地上：由細菌煉金術、南極冰芯、慢活裸鼴鼠，到森林中地下微網絡，故事環環相扣。

如地殼一樣深厚的知識，還有馬博研習生物科的秘訣，一書在手彷彿擁有整個宇宙。仲有陳仔與阿囡兩隻可愛蝸蝸，和你一起發掘一個接一個的地下科學寶藏♡

麥嘉慧

自由科學人、博客、主持

推薦序2

我與馬學綸的相識是從學習天文開始，一向以來她是一位熱心科普工作的學者。雖然她主要的研究領域在微生物學，但她也會在工餘時候研習各方面的知識，貢獻於不同的義工活動上。她更結合了大氣以內及大氣以外的知識來理解大自然，並對地外生命有一番獨特的見解。

《21 個地底大探索》這本書，就是一次對地球的親子探索旅程。從地球的基礎知識到生物的奇妙世界，從地下的礦物到地震的探究，從極地的冰芯到森林的結構，從蚯蚓的生命到水熊蟲的強韌，從蟻群的群居到生物的演化，逐一呈現在讀者面前。

這本書的每-個章節不僅豐富多彩，更是深刻有趣，讓讀者對地球的奧秘有更深入的了解。例如，在第一章節中，我們可以了解地球在太陽系中的位置，以及這個位置對地球的影響；從第二章節，我們將了解植物對地球的作用，以及植物在地球生態系統中的重要地位：在第五章節中，我們更學習地下生物圈，明白這此生物在地球生態系統中的奇妙作用；在第十章節中，我們可以了解疊層石對發掘地球地質史的貢獻，人們透過疊層石如何了解地球歷史的變化。

最後，我要感謝作者的深入研究和精心撰寫，讓我們能夠透過這本香更深入地了解地球的奧秘，一窺地球的神秘面紗。同時，我更希望讀者可以好好善用從本書中學到的知識，發揮我們作為地球公民的責任和義務，更好地保護我們所生活的星球。

余甘楓

香港天文學會會長

自序

謝謝你翻開這本書。

在流行電子書的年代，能翻開一本實體書，是一種緣份。

實體書上的文字和圖畫，就像一個瞬間的定格，記錄著成書時作者的所思所想，每一頁都獨一無二。

希望大家在看這本書時，能夠品嚐那片刻的，與作者思緒的互通。

奇異鳥 Kiwi大人與小蝸牛 by Dr Helen

目錄

第一部分
地球先生的調色盤

第二部分
地球餐廳的菜牌

第三部分
陳仔與阿囡的地底探險記

第四部分
Helen博士的地底教室

第一部分 -

地球先生的調色盤

01 太陽系的藍色水珠

我們來想像一下，如果你到國外旅遊，想寄明信片給住在香港的朋友，你會怎樣寫地址？寫成：「香港 / 九龍 / 新界 A區B街C大廈D樓E室」，就可以了。如果你是到了其他星系旅遊，地址又應該怎樣寫？在地址前面加上「銀河系、太陽系、地球」就可以了。當星際郵差派信時，他會從太陽系外圍向太陽的方向走，走過海王星、天王星、土星和木星這些巨型氣體行星的軌道，幸運的話可能會遇上行星本身。通過小行星帶和火星的軌道，就能看到我們的家——地球。(再前行就會依次到達金星和水星的軌道，最後到達太陽系唯一的恆星——太陽。)

坐著黃色橡皮鴨環遊世界

雖然現實中我們還未能到達其他星系旅遊，也沒有星際郵差這種浪漫的職業，但我們能夠從人造衛星和太空人執行任務時拍攝的照片，看到地球的外觀：一顆底色是藍色的，漂浮著一塊塊的綠色和棕色，還點綴著一片片白色的星球。地球上的藍色主要來自海水 (還有一些河流和湖泊)，地球表面約 70% 的面積被海水覆蓋，雖然没有明顯的分界，人類還是把整片海洋劃分為五大洋，面積由大至小分別是：太平洋、大西洋、印度洋、南冰洋和北冰洋，五大洋之間是相連相通的。

在 1992 年 1 月，一批約 29000 隻塑膠浴缸玩具乘坐貨櫃船從香港出發，計劃經太平洋到美國華盛頓，途中卻遇上風暴，一整個貨櫃的小海狸、小青蛙、小海龜和小黃鴨浴缸玩具被沖了下海，浮在海面隨著海流前進。它們成為了海洋學家的研究對象，科學家對它們展開了超過 10 年的追蹤。雖然絕大部分都「走失」了，但餘下的隨著海流，依次到達了阿拉斯加、日本、印尼、澳洲、新西蘭、南美洲、加拿大、冰島和英國等地。所以，如果你有一隻足夠大和堅固的塑膠鴨，只要你有足夠的儲備，你就可以橫越五大洋，順道環遊世界。

海洋和天空的藍色之旅

你在旅程中看到最多的顏色將會是一系列不同深淺的藍色。雖然海洋看上去是藍色，但如果你用透明的玻璃杯裝一杯海水來看，你會發現，海水和我們平日飲用的淡水一樣，是透明的。那藍色從何而來？大家或許會立即想到天空也是藍色的，那海洋就是像鏡子一般反映了天空的顏色吧，科學家卻發現那其實是從海洋本身「透出來」的顏色。

天空和海洋的藍色，都來自照射到地球上的陽光，陽光看上去像是沒有顏色的，科學家稱為「白色」。(不要嘗試自己確認，以肉眼直接觀察太陽會導致失明！) 下雨後，天空中的水珠會像三棱鏡一樣，把白色的陽光分散，形成由紅、橙、黃、綠、藍、靛和紫色組成的連續光譜，這就是我們平日所見的彩虹。當陽光以比較垂直的角度穿過大氣層 (例如正午的時候)，空氣中的分子會把陽光散射，光譜中偏向藍的部分比偏向紅色的部分散射更多，所以天空在我們看來是藍色的。海洋的藍色的情況也很類似，陽光透進海裡，水分子也會把藍色的部分散射，讓海洋看上去是藍色，海水越深，代表越少藍色的光能回到海面讓我們看到，藍色也會越深。所以，地球名乎其實是顆藍色的水珠。

鹽味水果糖

如果你能變成巨人，把地球像水果糖般放進嘴裡，你會發現這顆糖果不是甜的，而是鹹的。這是因為地球的海洋包含了全地球 96.5% 的水分，換言之地球上的水絕大部分是鹹水，餘下的數個百分點的水分佈在地下、土壤和大氣層中，只有約 1% 是可飲用的淡水。(這些淡水還要經過過濾和消毒才能真正飲用，而海水則需要花很多額外資源蒸餾才能產生淡水。)

告訴大家一個有趣的小知識，我們的身體在一生中有超過一半是水分，從剛出生的嬰兒的約78%，到幼年時的約65%，到成人的約 60%，所以我們都是生活在藍色水珠上的小水滴。

參考資料：

1. Half as Interesting. How 29,000 Lost Rubber Ducks Helped Map the World's Oceans. 15 Mar. 2018, https://www.youtube.com/watch?v=_UjAxuSuLIc.

2. Water Science School. The Water in You: Water and the Human Body. United States Geological Survey, 22 May 2019, https://www.usgs.gov/special-topics/water-science-school/science/water-you-water-and-human-body.

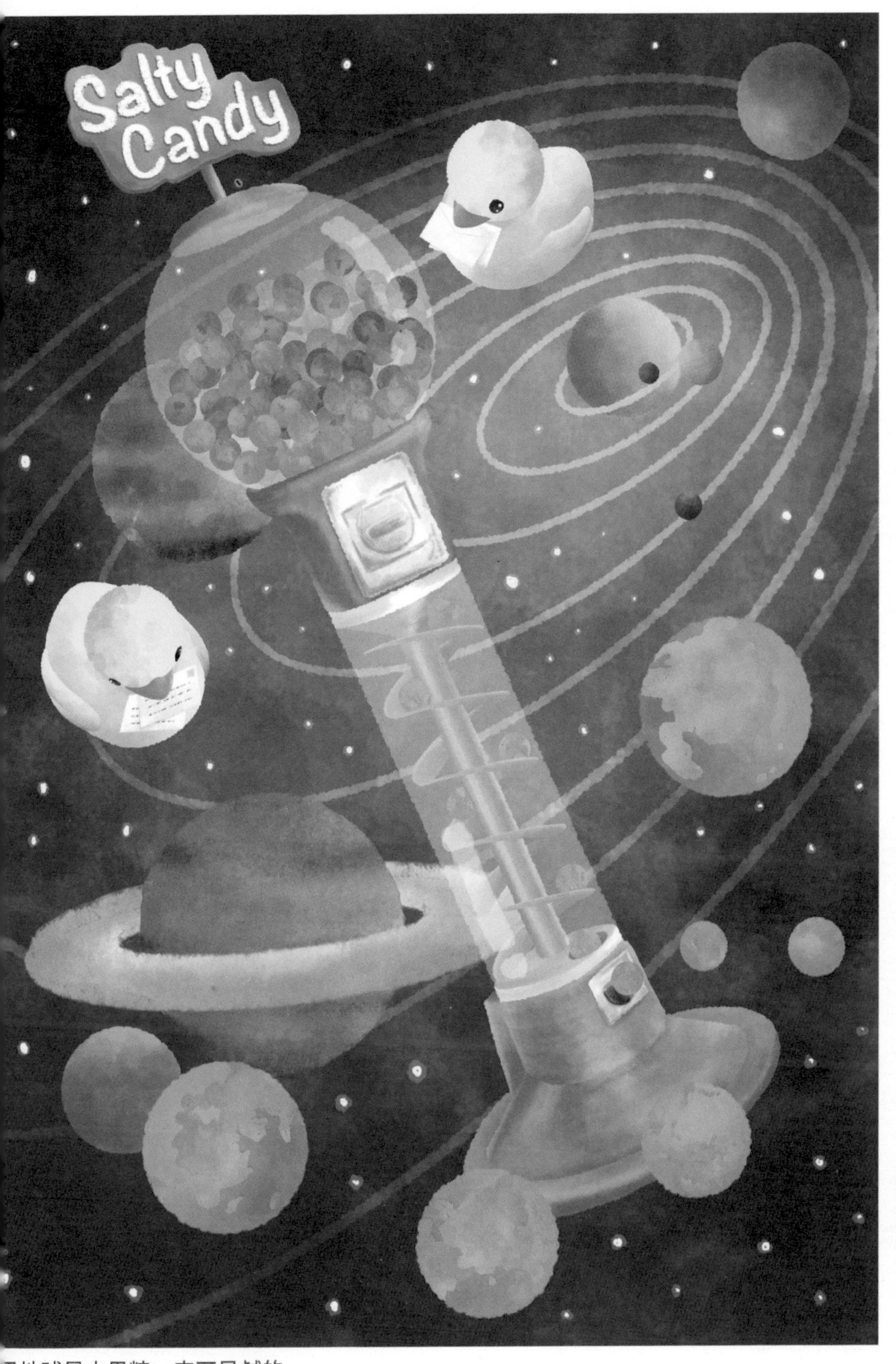

果地球是水果糖，它可是鹹的。

02 由「綠色」建造的文明

我們有時會聽到人抱怨要「食西北風」了，意思是指店鋪沒生意沒錢賺，只能「吃空氣」了。對我們和地球上的其他動物來說，空氣當然不能當食物吃，但地球上正正有一個生物家族有這種「特異功能」，它們就是地球照片上的綠色——植物。植物的顏色來自它們身上的色素，綠色的是葉綠素，幫助植物進行光合作用，從空氣裡的材料製造食物。有了充足的食物，人類才有建造文明的基礎。

來自空氣的食物

葉綠素在植物進光合作用時，會吸收來自陽光的能量，把空氣中的二氧化碳和由根部吸收的水分組合成葡萄糖，釋出氧氣。光合作用的主要產物是植物自己的食物——葡萄糖，氧氣只是副產品。葡萄糖可以直接供植物细胞使用，經新陳代謝產生能量，用不完的萄葡糖，有些植物會把它們组合成澱粉儲存起来，例如把澱粉儲存在脹大的莖部的馬鈴薯，這些澱粉是植物留給下一代的儲備。除了馬鈴薯，經常出現在餐桌上的薑和芋頭等，都是把給下一代的儲備存在莖部的植物，這些脹大的莖部，稱為「塊莖」，也有一些植物會把儲備存在脹大的根部，稱為「塊根」。葡萄糖和澱粉都屬於碳水化合物，是人類必須的營養，為人類提供碳水化合物的農作物還有小麥、稻米、粟米、燕麥、大麥等。當人類能生產比基本維生需要多的碳水化合物，就開始有部分人不用耕種，可以投入和發展其他技能，才能發展出複雜的社會。

不過，以馬鈴薯為例，不是只要有能力種出來就能一勞永逸，如果把馬鈴薯存放太久就會開始發芽，這些新芽靠澱粉提供的營養也有機會生長成一顆新的植物。我們常聽說不要吃發了芽的馬鈴薯，這是因為馬鈴薯的芽和附近綠色的部分含有高濃度的生物鹼，吃了可能會令人頭痛、噁心和腹瀉。自然界中的生物鹼還有嗎啡和罌粟等，馬鈴薯本身也含有低濃度生物鹼，只是日常食用不足以危害身體而已。生物鹼的化學結構不受煮食時加熱的影響，所以這個問題不是把馬鈴薯煮熟就能解決的。另一方面，儲存起來的其他穀物也可能會發霉或被其他動物吃掉，如何儲存「多出來」的碳水化合物，可說是每個文明都要面對的問題，可說是個由「綠色」帶來的煩惱。

散播「甜蜜」的種子

有些植物會把葡萄糖組合成果糖儲存在果實中，這不是要把果糖留給果實裡的種子發芽時用，而是用來吸引動物採摘進食，靠牠們把種子傳播開去。擁有較大顆種子的果實，例如桃和梅，種子會被動物在吃果肉時掉棄；一些漿果類果實的種子比較小和數量較多，例如葡萄和蕃茄，種子就可以直接被動物吃下去，經消化後隨著糞便排出。兩種情況都會把種子帶到遠離產生這些種子的植物，發芽生長時就不會和原本的植物擠在一起，同一批果實和種子也可能在不同的時間被吃和發芽，減少了同類互相爭搶資源的機會。

人類在未發展農業前大多以小規模聚居，靠捕獵野生動物和採集果實作食物，也就像其他動物一樣會被甜美的果肉引誘，幫助植物傳播種子。在開始耕作後，人類可以以自己的好惡選擇讓哪些植物繁殖，例如只種植長出大顆果實的那株植物的種子，或是讓長出比較多顆果實的那株植物，和長出較甜果實的那株植物交換花粉等，令那種植物最終能長出更多、更大、更好吃的果實。單以蘋果為例，現在世界上已有超過 7500 個品種，就算「一日一蘋果」也要超過20年才能吃完，它們不但適合種植的氣候不同，開花、結果、成熟的時間也不同，也有不同用途的，例如用來生吃、釀酒、烹飪等。

人類花了很長時間「改良」了各種動植物，提供了更多樣化、更有營養和更美味的食物，可以提供製造衣物的材料，被馴化的動物也可以提供勞動力和守護家園。這些都是建立一個由不同人分工合作，各施其職的複雜社會所需要的基礎。葉綠素看似只為植物製造食物，其實也在為人類提供膳食中重要的碳水化合物，更進一步養活了各種以植物為飼料的動物，所以人類的文明可說是由「綠色」建造的文明。

參考資料：

1. Sandy Patton. “How Many Types of Apples Are There? And Which Is Best?” Selecthealth, https://selecthealth.org/blog/2020/02/how-many-types-of-apples-are-there-and-which-is-best.

子在泥裡發芽，用「綠色」協助人類建造文明。

03 被塗上棕色的大地

陸地佔地球表面面積約30%，被人類劃分成七大洲，面積由大到小分別是：亞洲、非洲、北美洲、南美洲、南極洲、歐洲和大洋洲。跟海洋不同，大洲之間是有明顯分界的，有的是山脈，有的是海峽，也有以海洋或人工建成的運河為界。如果你拿出一幅地圖，你看到的各大洲的形狀是以海水和陸地接觸的分界線(稱為海岸線) 構成的。海岸線是根據海水的高度繪畫，海平面(海水表面)越高，就會有更多沿海的陸地被海水淹浸，剩下沒有被淹浸的部分就是陸地。所以，我們看見的陸地不是浮在海洋上，只是「巨人」從海面冒出頭頂而已。

地球上的綠色和棕色都是陸地，綠色的部分有大片的植物覆蓋，例如是各種森林；棕色的是那些光禿禿的，沒有植物覆蓋的部分，自然形成的有沙灘、沙漠、山坡、岩石等，也有被人類過度砍伐而露出泥土的森林，甚至是因失去植物而使沙土鬆散和越來越乾旱，漸漸變成沙漠的地方。因為人類文明的急促發展，地球上綠色的部分漸漸被「塗上」棕色，地球的氣候也隨著改變。

「溫室效應」是好事？

我們常聽人說起「溫室效應」、「全球暖化」、「極端天氣」等字眼，都會想起負面的事情，但「溫室效應」其實是件好事，甚至可以說是對地球上的生物是必須的。

地球上的生物都直接或間接依靠太陽提供的能量生存 (深海熱

泉的生態圈除外)，我們的大氣層能阻隔不少來自太陽的電磁波，主要讓可見光和無線電波通過，也讓少量紫外線和紅外線通過。地球表面在白天吸收了來自太陽的能量，溫度會升高，到晚上沒有太陽照射時會釋放紅外線，紅外線其實就是熱能。現在大家用來探額頭和手掌，不需要直接觸碰身體的體溫計，量度的就是身體發出的紅外線，紅外線越强代表體溫越高。這些紅外線大部分可以穿過大氣層回到太空，讓地球表面降溫。

如果大氣層含有溫室氣體，例如二氧化碳，大部分紅外線就會被困在大氣層裡，地球整體的溫度就會升高，隨著時間過去，地球積存的熱能就會越來越多，讓地球的整體溫度上升，稱為「溫室效應」。溫室效應本身不是壞事，來看看我們的鄰居月球，由於沒有大氣層，月球表面在沒有太陽照射時釋放的紅外線會直接散失到太空，令月球表面的溫度在有和沒有太陽照射時相差很大。月球表面在有日照時的平均溫度約 107°C，沒有日照時的平均溫度約 -153°C，兩者相差若 260°C。現在地球的平均溫度約 15°C，如果沒有大氣層的話，就會是 -18°C，不適合我們已知的生物生存。

由綠色變成棕色

植物在進行光合作用時，其實是在消耗大氣層中的二氧化碳，但大氣層裡的二氧化碳含量不會一直下降，因為各種生物 (包括植物本身) 都會在消化碳水化合物來獲取能量時，產生二氧化碳並釋放回大氣層中。大氣層裡的二氧化碳不是平均分佈的，會隨著一個地方的四季變化，例如天氣較冷時那裡的生物就會消耗較少二氧化碳，還有在微生物分解枯萎了的植物時也會釋出二氧化碳；當天氣回暖後植物回復茂盛，又會從大氣層吸收較多二氧化碳，形成一個循環。一些地質活動，例如火山爆發，也會釋出大量二氧化碳，但地球上釋出最多二氧化碳的是人類，不是來自人類呼出的二氧化碳，而是來自人類文明急速發展對能源的需求。

在自然環境中，生物死後若沒有被其他生物吃掉，就有機會被泥土覆蓋，經歷了上萬年的高温和高壓，形成化石燃料，例如煤炭、石油、天然氣等。人類會燃燒化石燃料來發電，化石燃料中的碳和空氣中的氧氣結合就會形成二氧化碳。這些二氧化碳不是由生物的新陳代謝產生，所以即使是全球的植物加上海洋裡的微生物也不能完全吸收這些在大氣層中突然「多出來」的二氧化碳，只能留在大氣層裡「越積越多」。過多的二氧化碳會阻礙地球表面釋放的紅外線回到太空，使地球難以「散熱」，氣温會像滾雪球般增加得越來越快，導致全球暖化，冰川溶化，海平面上升，影響全球的海流和氣流，引發各種極端天氣事件。

地球上一大片的綠色就是森林之類的大片植物，例如位於南美洲的亞馬遜熱帶雨森，就被稱為「地球之肺」，擔任著從大氣中吸收和儲存二氧化碳的工作。在地球的生態還能達到平衡的時候，單是亞馬遜雨林每年就能吸收數十噸的二氧化碳，以碳水化合物的形式儲存在植物自己的身體裡，佔了整個地球的碳存量的10%。可是，除著樹木被過度砍伐，極端天氣也帶來連續乾旱，陸地上的綠色越來越少，棕色所代表的泥土和沙漠成為了地球表面，僅次於藍色，第二多的顏色。

白天與黑夜的點綴

在海洋和陸地的上方，在白天的時候，有時會看到飄著一片片形狀不規則的白色，有時則是灰色；有時像是可以用手撕開的棉花糖，有時又像消毒用的棉花球；這些不同形態的，就是由大氣層中的小水滴結集而成的雲。我們的地球被一層透明的大氣層覆蓋，主要成份是約70%的氮氣和約20%的氧氣，還混雜著少量的其他氣體，包括上文提及的二氧化碳，和同樣是溫室氣體的甲烷和水蒸氣。只要有足夠的水蒸氣，加上合適的溫度和壓力，小水滴就會圍著微塵凝結起來，在各種環境中形成各式各樣的雲。

到了晚上，陸地並不是一片黑暗，在人口密集的地方，例如亞洲、歐洲、北美洲，還有其他大洲的沿海地區，都會亮起電燈，就像灑上了點點星光，是人類活在地球上的證明。

日與夜。

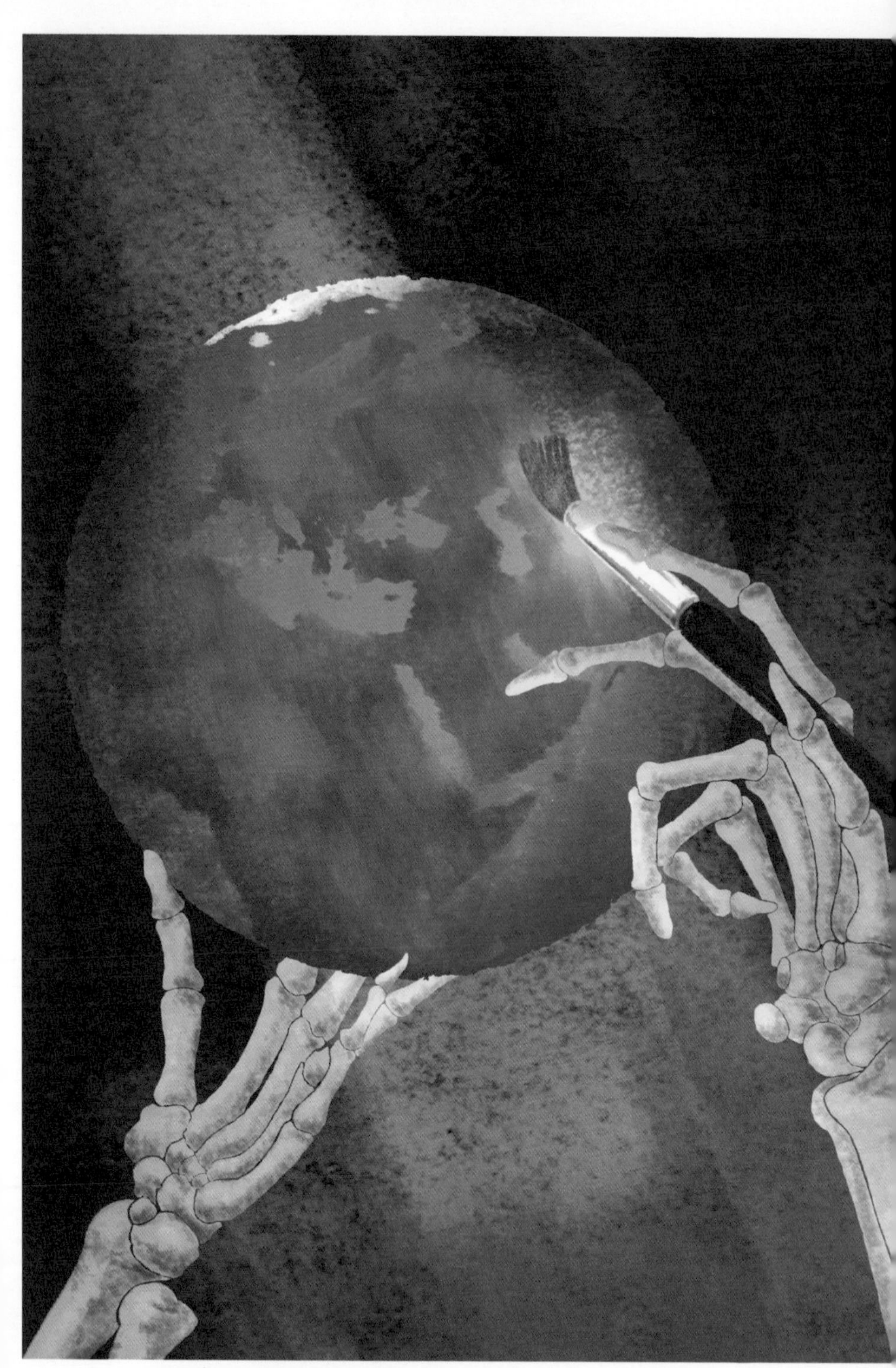

陸地上的綠色越來越少，我們可以改變它嗎？

參考資料：

1. ScienceAtNASA. Tour of the EMS 01 - Introduction. 6 May 2010, https://www.youtube.com/watch?v=lwfJPc-rSXw&list=PL09E558656CA5DF76.

2. 香港太空館. 星星問>問月球. 12 May 2003, https://hk.space.museum/tc/web/spm/resources/astronomy-faq/the-moon.html.

3. Greg Shirah, and Brad Weir. Seasonal Changes in Carbon Dioxide. NASA's Scientific Visualization Studio, 19 Dec. 2019, https://svs.gsfc.nasa.gov/4565.

4. 香港天文台. 全球氣候變化 - 極端天氣事件. 17 Jan. 2022, https://www.hko.gov.hk/tc/climate_change/obs_global_extreme_weather.htm.

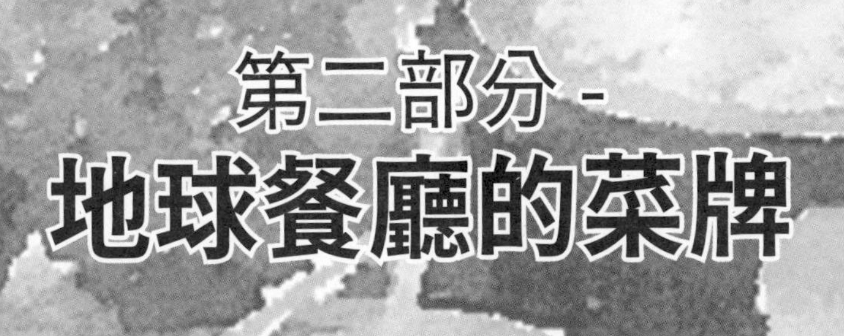

第二部分 -
地球餐廳的菜牌

04 在太空中旋轉的咖喱魚蛋

當你把一串咖喱魚蛋吃剩一粒的時候，就可以做這個實驗了。假設把串著魚蛋的竹簽向上指的方向定為北方，把竹簽傾斜一點並逆時針旋轉，這就是地球自轉的模型了。(做完實驗記得把魚蛋吃掉，不要浪費食物啊！)

在咖喱魚蛋上看日出日落

竹簽代表了地球的自轉軸，傾斜的角度稱為傾角，如果你想使你的模型更準確，可以用量角器把傾角調節成約23.4°，那就和地球的傾角一樣了。大家可以參考行星自轉方向的右手握法法則，姆指向上定為北方，地球會順著其餘手指指著的方向自轉，太陽系其他行星的自轉方向也跟隨這個法則。我們每天看到太陽從東邊升起，往西邊落下，並不是太陽在移動，而是我們站著的地球在轉動。

與咖喱魚蛋共度春夏秋冬

接著，把一隻手握起拳頭，一邊把咖喱魚蛋的竹簽指向外繼續自轉，一邊把自轉中的咖喱魚蛋圍著拳頭以逆時針方向運行，這就是地球圍著太陽公轉的模型了。雖然地球圍著太陽運行的軌道是橢圓形而不是圓形，但形狀已很接近圓形，地球離太陽最近時相距約 1.47 億公里，離太陽最遠時相距約 1.52 億公里。所以，地球上的春夏秋冬和地球距離太陽多遠沒有直接關係，而是和地球傾斜的自轉軸有關。

當地球運行至自轉軸指向太陽的時候，北半球 (魚蛋的上半部分) 比南半球 (魚蛋的下半部分) 接近太陽，這個時候就是北半球 (包括香港) 的夏天，同時也是南半球 (包括澳洲等地) 的冬天。當地球運行至自轉軸指離太陽的時候，就是北半球的冬天和南半球的夏天。所以，在澳洲過聖誕的時候是炎熱的夏天，我們也可以在我們的夏天去正處於冬天的澳洲避暑。

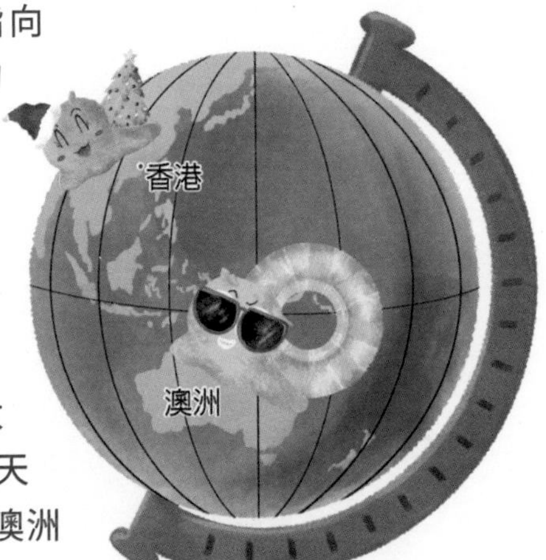

不完美的呼拉圈小子

跟咖喱魚蛋一樣，地球的形狀也不是完美的球體。在網上翻查資料，不難找到地球的平均半徑是 6371 公里的數據，這個數字是假設地球是完美的球體 (sphere) 而計算出來的。如果把地球表面的海水抽乾，剩下的會是一個不規則的橢圓體 (ellipsoid)。地殼的平均厚度只有約 17 公里，和平均半徑比較，真的就像咖喱魚蛋染上咖哩的部分一樣薄，自轉中的地球就像一個有大肚腩的小子在玩呼拉圈。

當我們把地球打直切開，裡面的構造就不再像咖喱魚蛋了，而是比較像一隻生雞蛋。最外層的蛋殼就是地殼，薄薄的一層覆蓋著整顆地球，還未煮熟的蛋白就是流動的地幔 (又稱熔岩)，最內裡的蛋黃就是地核。地球的地殼像蛋殼一樣，由太空中遠看很平坦，走近看則是凹凹凸凸的。地球的地殼有厚有薄，陸地部分的厚度約 30 至 50 公里，被海水覆蓋的部分的厚度約 5 至 10 公里。

地球裡的構造像一隻生雞蛋。

地殼的最高與最底點

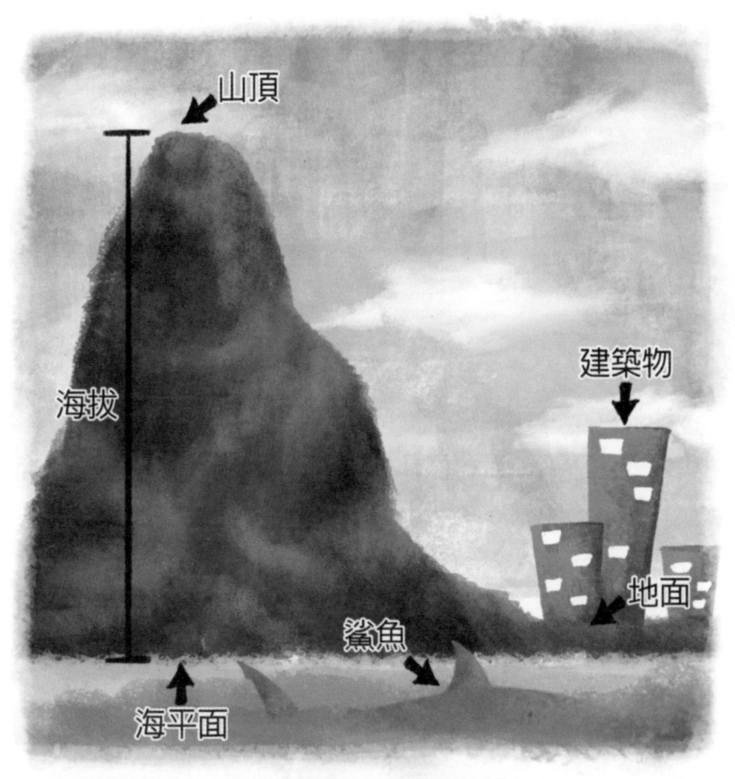

海拔的意思是指由平均海平面向上量度的高度。

你或許有印象，地球最高的山峰是位於喜馬拉雅山脈的珠穆朗瑪峰，最高點是海拔 8849 米，但這點不是地殼最厚的地方。海拔的意思是指由平均海平面向上量度的高度，代表珠穆朗瑪峰的最高點比海平面高 8849 米。

由於地球不是球體，所以從地球的中心點計算，位於南美洲的厄瓜多爾，海拔 6268 米欽博拉索山才是離地球中心最遠的地方，也是地球上離太空最近的地點。以這種方法計算，珠穆朗瑪峰的最高點離地深的距離只有 6382 米高，比欽博拉索山的最高點矮 2.15 米。

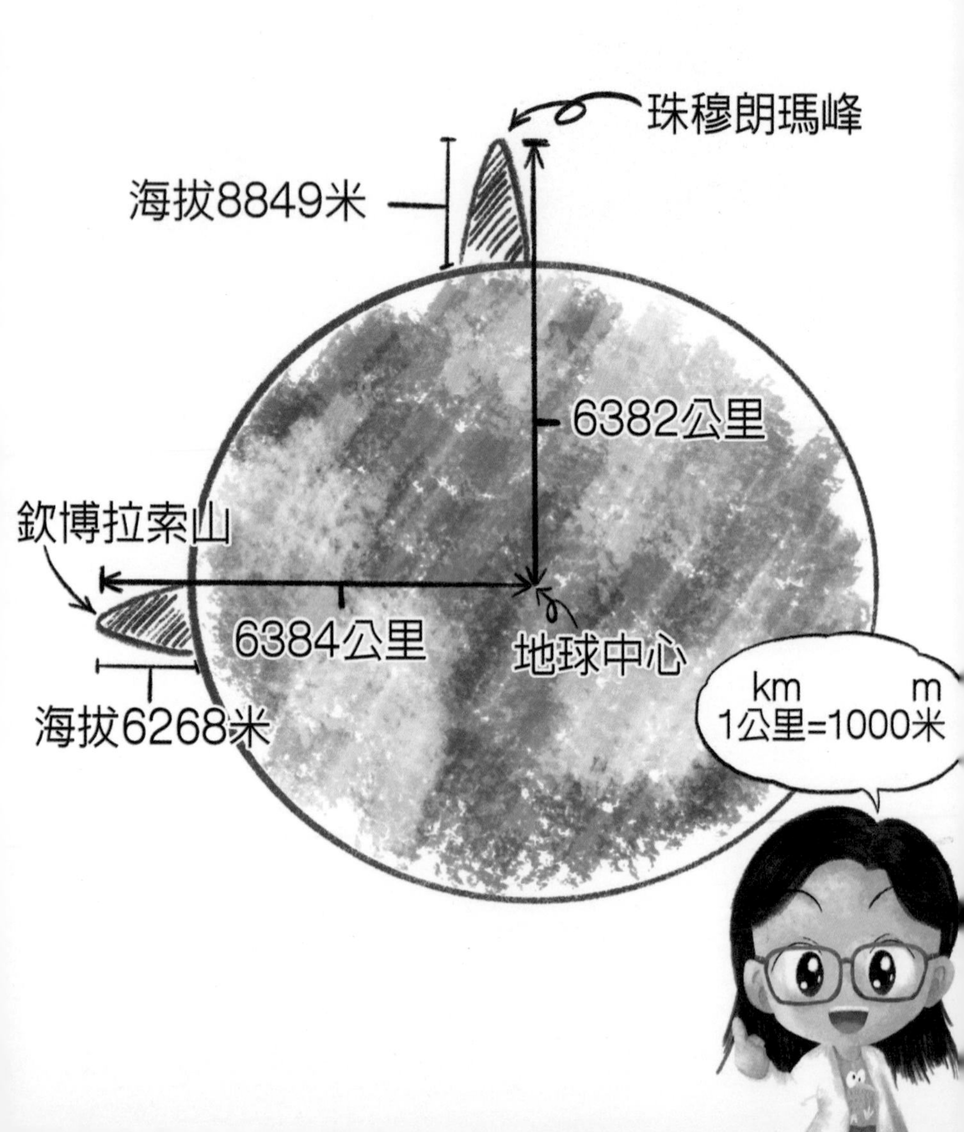

地殼的最低點是位於太平洋西北部海底的馬里亞納海溝，最深處有 11 公里深，距離地球中心 6366 公里。不過，現在地殼的最底點是人工鑽探出來的，是在 2017 年在俄羅斯的最大的島庫頁島上鑽探石油和天然氣時製造的 Odoptu OP-11 油井，完成後深度預計達 15 公里 (目前鑽探至地下 12 公里)。

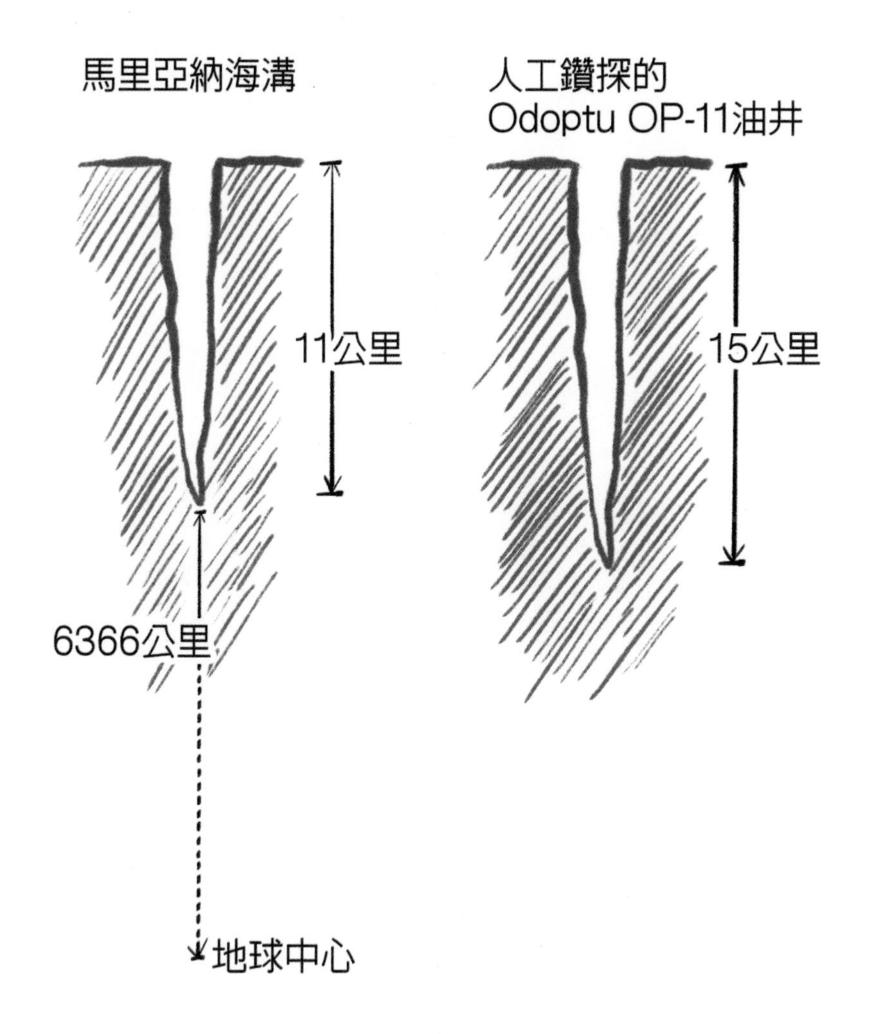

參考資料：

1. “What Causes the Seasons?” NASA Science,
https://spaceplace.nasa.gov/seasons/en/.

2. Vigdis Hocken. “What Is Earth’s Axial Tilt or Obliquity?” Time and Date,
https://www.timeanddate.com/astronomy/axial-tilt-obliquity.html.

3.National Ocean Service, and National Oceanic and Atmospheric Administration. Is the Earth Round?
https://oceanservice.noaa.gov/facts/earth-round.html.

4. Earth’s Crust. Wikipedia,
https://en.wikipedia.org/wiki/Earth%27s_crust.

5. “地理之最列表.” 維荏百科,
https://zh.m.wikipedia.org/zh-hk/%E5%9C%B0%E7%90%86%E4%B9%8B%E6%9C%80%E5%88%97%E8%A1%A8.

6.“钦博拉索山.” 百度百科,
https://baike.baidu.com/item/%E9%92%A6%E5%8D%9A%E6%8B%89%E7%B4%A2%E5%B1%B1/643945.

7. “科拉超深鑽孔.” 維基百科,
https://zh.wikipedia.org/zh-hk/%E7%A7%91%E6%8B%89%E8%B6%85%E6%B7%B1%E9%92%BB%E5%AD%94.

05 穿越時空的威化餅

來做彩沙吧！
彩沙？

就是這些。
很美麗！

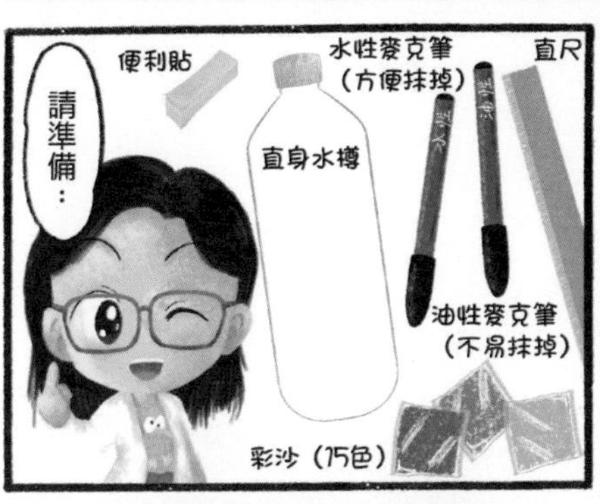

請準備：
便利貼
水性麥克筆
（方便抹掉）
直尺
直身水樽
油性麥克筆
（不易抹掉）
彩沙（15色）

以直尺及水性麥克筆
把直身水樽均分15層
用水性麥克筆是方便
完成後以水抹掉吧？

再以油性麥克筆抄寫「某些資料」
於各行
油性不易抹掉

於各層小心倒入
不同顏色的彩沙

最頂層的要倒至滿頂

一小時後……
還要等多久？
天荒地老

完成了！

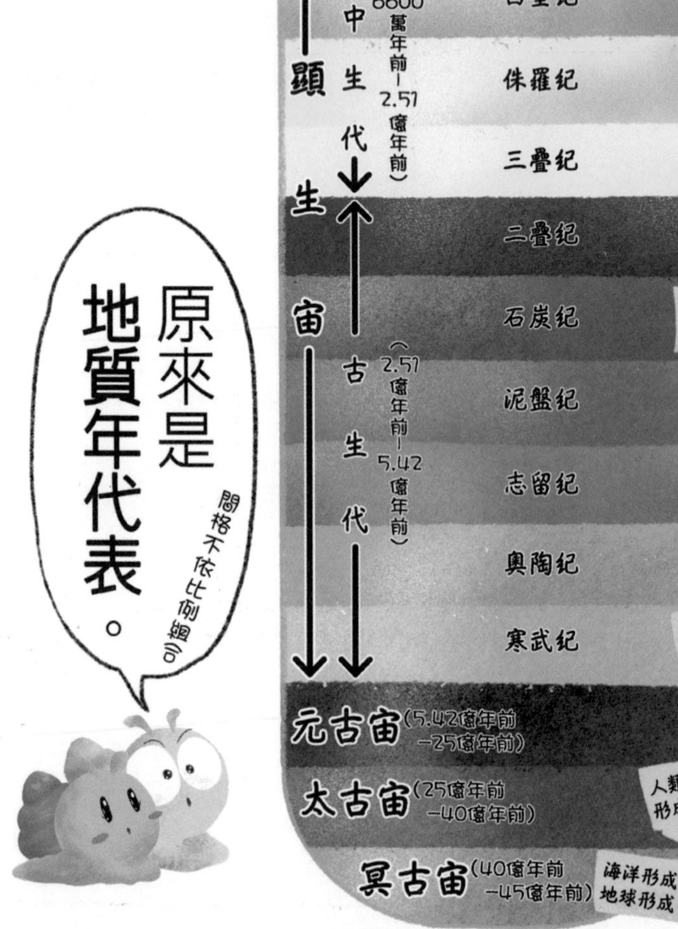
第四紀
人類出現
新生代（現在－6600萬年前）
新近紀
古近紀
白堊紀-古近紀界線（6500萬年前）
中生代（6600萬年前－2.51億年前）
白堊紀
靈長&開花植物出現
顯生宙
侏羅紀
鳥類出現
三疊紀
恐龍&哺乳動物出現
二疊紀
石炭紀
爬蟲類&種子植物出現
古生代（2.51億年前－5.42億年前）
泥盆紀
兩棲類出現
志留紀
陸地維管植物出現
奧陶紀
寒武紀
魚類&脊索動物出現
柏吉斯頁岩形成（寒武紀中期）
元古宙（5.42億年前－25億年前）
軟體動物出現
太古宙（25億年前－40億年前）
人類發現最早的疊層石形成時間（37億年前）
微生物、藻類、軟體生物品出現
冥古宙（40億年前－45億年前）
海洋形成（44億年前）
地球形成（45億年前）
原來是地質年代表。
間格不依比例繪合

現在的科學家相信，太陽系約在46億年前形成，那時候一團以氫元素為主的氣體和塵埃，因自身引力在中央形成了太陽，其餘的物質圍繞著太陽旋轉，形成了各個行星和它們的衛星，還有一些其他的小天體。我們的地球在45億年前形成，剛形成時的氣溫高達2000°C，其後漸漸冷卻，直到約44億年前，地球表面形成液態水（即海洋），到約37億年前地球的海洋裡開始出現生命。

疊層石與地質年代表

科學家在格陵蘭地區發現了在37億年前形成的疊層石，相信是已發現最早的，由生物留下來的痕跡，是由地球上第一種能進行光合作用的生物：藍綠菌，層層堆積而成。這些疊層石層層深淺相間，淺色的部分來自微生物產生的碳酸鈣，深色的部分來自其他地方的沉積物，看上去就像一塊威化餅。

如果生物（包括動物、植物等）死亡後，能夠在短時間內被沈積物（例如泥、沙、火山灰等）淹埋，就有機會成為化石，但機率非常低，能被人類發現、挖掘和研究的機會更少。被淹埋的生物的軟組織（例如肌肉、軟骨等）會開始被附近的微生物分解，這個過程在氧氣含量很低的環境中非常緩慢。隨著上方的沉積物一層層往上疊加（最新年代形成的在最上方），這些新沉積物的重量形成巨大的、向下壓的壓力，連帶著被淹埋的生物成為沉積岩。含有礦物質的地下水會慢慢把硬組織（例如骨骼、外殼等) 溶掉，留下的空位，會被由地下水中的礦物質形成的結晶填充，形成化石。

由於不同年代的沉積物有不同特性或含有不同物質，科學家可以由此推斷形成化石的生物的生存年代。例如在白堊紀和古近紀的交界，形成時間約在 6500 萬年前，全球多個地方都在這個地層交界處發現高含量的重金屬銥，是其他地層含量的 1000 倍。因為地球上沒有這樣高銥含量的岩石，而隕石的依含量很高，所以科學家認為這是大型隕石在白堊紀結束時撞擊地球的證據 (比較正確的說法是地質學家以這事件定義為白堊紀結束)。

科學家把這些一層層的，不同年代形成的地層，繪製成地質年代表，看上去也像一塊威化餅。

軟體動物化石寶藏

科學家一直認為生物的軟組織很難形成化石，理論上軟體生物被淹埋後就會被微生物完全分解，但只要條件許可，仍然有留下痕跡的可能。1909 年，研究古生物的科學家在加拿大洛磯山脈，幽鶴國家公園的一處山脊 (其後也在數十公里外) 發現了黑色 (高碳含量) 的頁岩，稱為柏克斯頁岩。頁岩中有大量生物化石，特別是軟體生物和牠們留下的痕跡，例如由海底的泥土上留下的爬行痕跡所形成的化石。

根據科學家的分析，這片頁岩的地層約在五億年前形成，當時是寒武紀中期，絕大多數現有的動物分類都在寒武紀開始出現，科學家稱之為「寒武紀大爆發」，但亦有不少動物化石所屬的分類現在已不存在，所以亦被稱為生物演化的「實驗場」。

其中著名的節肢動物包括大家熟悉的三葉蟲、近一米長的奇蝦和皇室歐巴賓海蠍等。皇室歐巴賓海蠍有五隻眼睛，口部像吸塵機，身長只有約 4 至 7 厘米，但與其他軟體動物相比，體形算是大了。另一個這時期的生物代表是怪誕蟲，身長只有 5 毫米至 3.5 厘米，身體是管狀，頭部有一對眼睛，有七至八對腳，還長有背刺。科學家一開始把背刺當成了腳，直到 1991 年與其他類近生物比較，才發現把怪誕蟲的身體倒轉了，可見即使有保存良好的化石，要復原牠們活著時的模樣還是非常困難的。

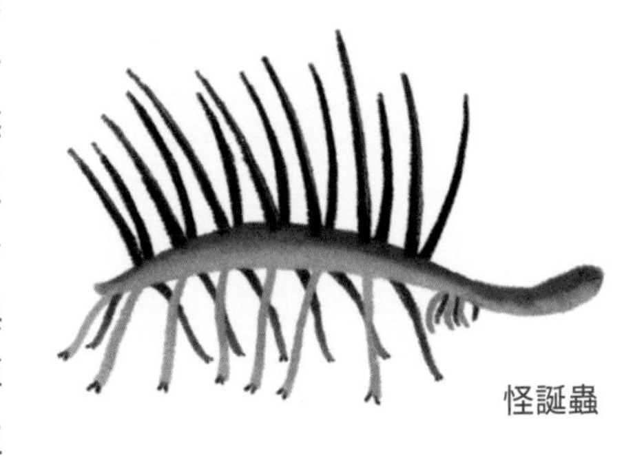

怪誕蟲

無論是疊層石還是柏克斯頁岩，都是隨著歲月流逝層層堆積而成，其中包含著各種已絕種生物曾經存在過的證明。古生物的生態圈充滿多樣性，有趣的遠遠不止恐龍，有待新一代的科學家繼續探索。

參考資料：

1. Steve Koppes. “The Origin of Life on Earth, Explained.” Uchicago News, 19 Sept. 2022, https://news.uchicago.edu/explainer/origin-life-earth-explained.

2. The Editors of Encyclopeadia Britannica. “Stromatolite.” Encyclopeadia Britannica, https://www.britannica.com/science/stromatolite.

3. “How Do Fossils Form?” The Australian Museum, 8 Nov. 2021, https://australian.museum/learn/australia-over-time/fossils/how-do-fossils-form/.

4. “Evolution and the History of Life on Earth.” Encyclopeadia Britannica, https://www.britannica.com/science/life/Evolution-and-the-history-of-life-on-Earth.

5. “伯吉斯頁岩.” 華人百科, https://www.itsfun.com.tw/%E4%BC%AF%E5%90%89%E6%96%AF%E9%A0%81%E5%B2%A9/wiki-658673-177553.

6. 林立芸. “科學家新發現 史前生物怪誕蟲長相揭露 原文網址: 科學家新發現 史前生物怪誕蟲長相揭露.” News Talk, 25 June 2015, https://newtalk.tw/news/view/2015-06-25/61573.

06 如何選擇甜西瓜

不知道大家有沒有買一個完整的西瓜的經驗，在不能切開西瓜的情況下，怎樣才能知道西瓜甜不甜？你或許見過有人會拍打西瓜，同時側耳傾聽西瓜「回應」的聲音，來分辨西瓜的內部結構和成熟程度，發出清脆的「咚、咚」聲代表西瓜較甜。

同樣，我們不能把地球切開來研究，那麼教科書上關於地球內部結構的知識從何而來？雖然我們不能「拍打」地球，但地球本身產生的震動——地震，在地球內部的傳播就像西瓜的「咚、咚」聲般，顯示了不同部分的密度和厚薄。

波動在不同材質中的傳播

不同種類的波動都有同一個特性，就是在不同材質 (密度) 中的速度是不同的，例如光的波動在真空中傳播得最快 (即光速，每秒3億米)，在水中傳播的速度只有在真空中的 77%，在密度比水高的玻璃中的速度只有在真空中的 67%，在密度更高的鑽石中就只剩在真空中的 40%。

當一種波動由一種材質進入另一種材質的時候，速度就會在交界點改變，產生折射現象。我們平日常見飲管在水杯中「屈曲」的現象，其實是光波由空氣進入水時產生折射，結果我們在杯外觀察飲管時看上去的影像是「屈曲」的。

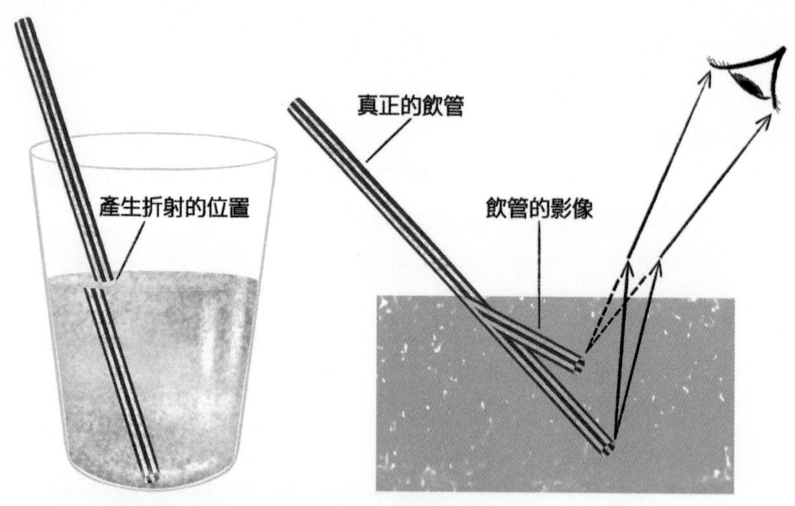

在杯外觀察飲管時看上去的影像是「屈曲」的。

當發生地震時，地震釋放的能量會產生地震波，這些波動會由震動的源頭傳遞到地球的不同部分，如果整個地球只由一種材質 (密度) 組成，那麼地震波就會在地球內部以同一速度直線傳播，地球的每一個角落都會發生震動，只是隨著距離會減弱和延遲出現。然而根據科學家在地震時的記錄，地震波不只一種，發生地震時在地球某些地方會量度不到震動，所以地震波很可能在地球內部產生折射，地球內部有不同密度的部分，即是有「分層」。

地震波的種類和傳播

地震波是地震時產生的波動，地震可以由地殼活動、火山活動或是隕石撞擊等事件引起，或是由人為的爆炸等事件產生。在地殼板塊運動的過程中，地殼邊緣會被擠壓、磨擦、拉扯，當積累的能量到達一定程度，地殼就會破裂和發生震動，形成地震。

地震波主要分為兩種，一種稱為 P 波 (P for Primary)，是一種縱波，就像在空氣中傳播的聲波，震動和傳遞的方向與地面平行，由擠壓和拉伸傳遞能量，震動傳播到地上的建築物就會產生上下震動。另一種稱為 S 波 (S for Secondary)，是一種橫波，就像海上的波浪，震動和傳遞的方向成垂直，由上下波動傳遞能量，震動傳到地上的建築物就會產生水平震動，即左右搖晃，所以 S 波產生的破壞比 P 波大。

P 波比 S 波傳播得快，所以在發生地震時，人們會先感到上下震動，在數秒到十數秒後才傳來左右搖晃，距離地震源頭越近，S 波會來得越快。科學家認為如果人們能在感受到 P 波而 S 波未到達之前開始躲避，可以減少傷亡。

P波比S波快。

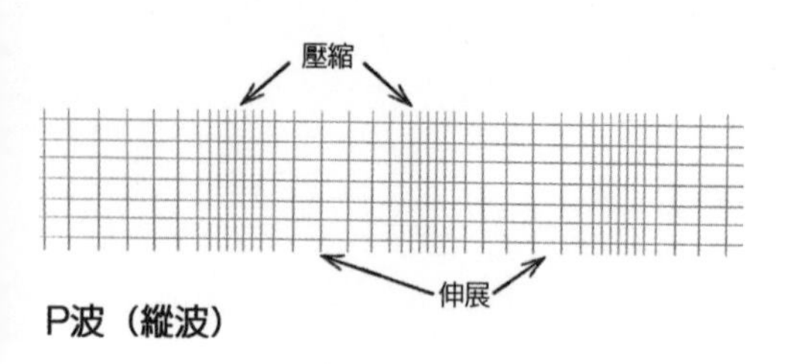
壓縮
伸展
P波（縱波）

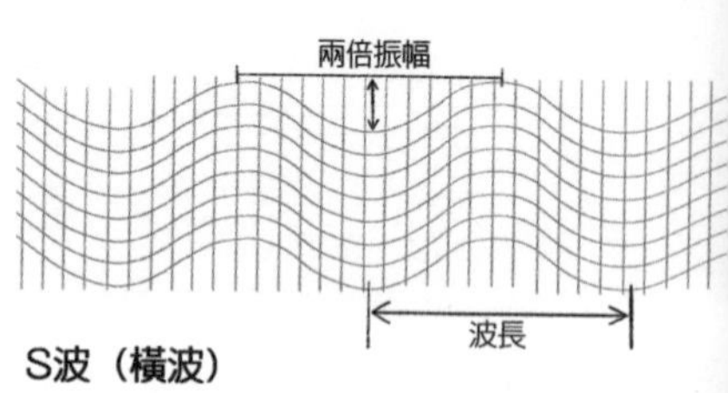
兩倍振幅
波長
S波（橫波）

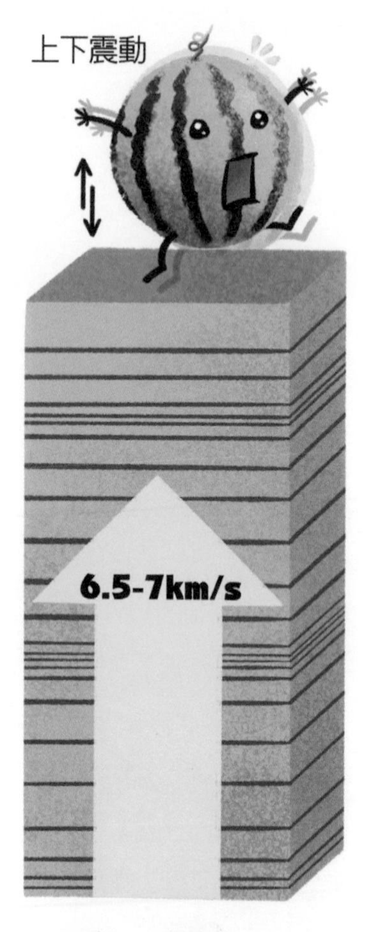
上下震動
6.5-7km/s

P波（縱波）

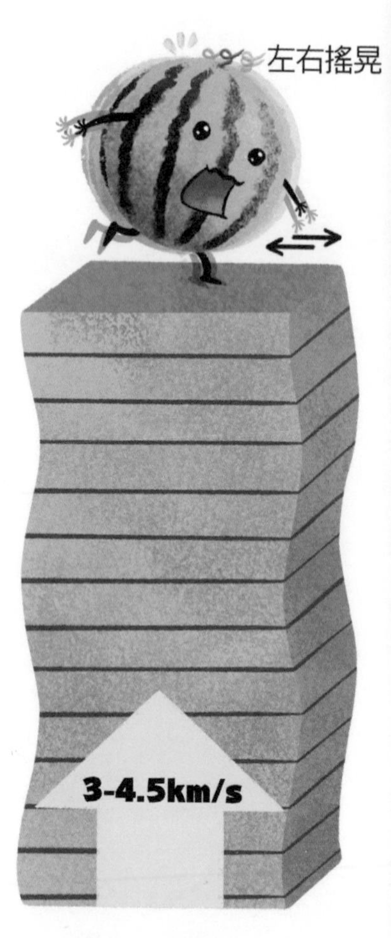
左右搖晃
3-4.5km/s

S波（橫波）

地震波的折射與陰影帶

S 波產生的上下波動只可以在固體中傳遞，傳播到達液體材質就會停止。由於 S 波能在地幔中傳播，所以和不少大眾的認知不同，地幔主要是固體，地幔上層有熔融部分，地幔下層密度較高。科學家發現 S 波不能穿過地核，所以地核的外層是液態的。這也解釋了為甚麼當發生地震時，在地球「對面」探測不到 S 波，假設地球的橫切面是一個圓形，震央 (地震的源頭可能在地底，震央是投影到地面的位置) 為 0°，由 103° 至 180° 的位置，科學家稱這部分為「S 波陰影帶」。

P 波產生的擠壓和拉伸可以在固體和液體中傳遞，會隨著地幔的密度增加而逐漸增加折射角度。P 波可以穿透地核，所以在震央「對面」可以探測得到。部分 P 波由固態的地幔傳到液態的外地核時會被折射，而經過內地核的 P 波幾乎可以直接穿過，所以科學家認為內地核是固體，而由 103° 至 150° 的位置，科學家稱這部分為「P 波陰影帶」。

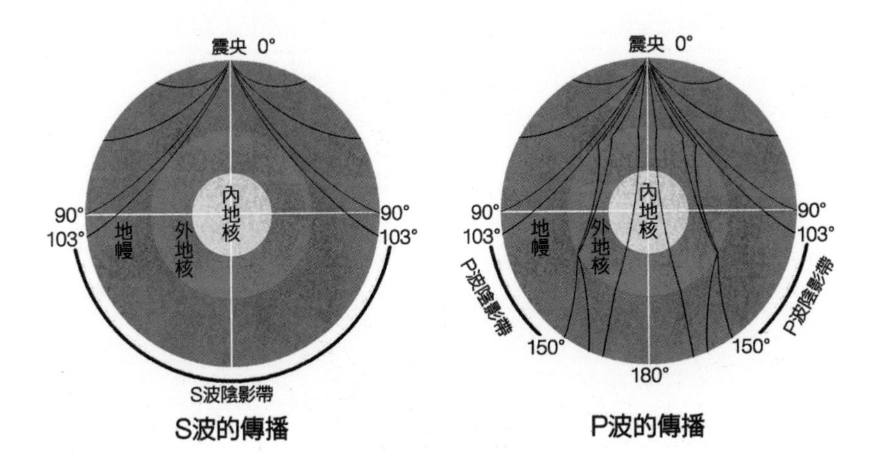

S波的傳播

P波的傳播

話說回來，關於為甚麼拍打西瓜時發出清脆的「咚、咚」聲就代表是甜西瓜，是因為西瓜在未成熟時果肉質地較硬，不能有效傳播聲音，所以「咚、咚」聲沒有在西瓜裡傳開。到西瓜剛好熟的時候，果肉變稔，「咚、咚」聲就能傳開。再到西瓜過熟時，西瓜內部會長出一些較乾和硬的結構，又變成不利聲音傳播了。

雖然科學家一般不會把地球和各種食物聯想到一起，但以咖哩魚蛋、威化餅和西瓜描述地球，一邊吃一邊學習新知識，也是個有趣的體驗。

參考資料：

1. “Waves & The Earth - S & P Waves.” Astrophysics, Physics, Fuse School - Global E Education, 8 Sept. 2019, https://www.youtube.com/watch?v=huiiEehjUds&t=257s.

2. Evidence for Internal Earth Structure and Composition. University of Columbia, http://www.columbia.edu/~vjd1/earth_int.htm.

3. “Compare-Contrast-Connect: Seismic Waves and Determining Earth’s Structure.” Exploring Our Fluid Earth, University of Hawaii, https://manoa.hawaii.edu/exploringourfluidearth/physical/ocean-floor/layers-earth/compare-contrast-connect-seismic-waves-and-determining-earth-s-structure.

4. “Earthquakes and the Earth’s Internal Structure.” American Museum of Natural History, https://www.amnh.org/exhibitions/permanent/planet-earth/why-are-there-ocean-basins-continents-and-mountains/plate-tectonics/earthquakes-and-the-earth-s-internal-structure.

第三部分 -
陳仔與阿囡的地底探險記

07 森林的神經系統－植物、細菌與真菌的共生網絡

森林裡，小蝸牛陳仔正拿著一隻鑊形天線，連接著耳機，圍著一棵樹尋找訊號，不過似乎不太順利。陳仔再把一條金屬條插入泥土，把金屬條連接耳機，一邊專心聆聽，一邊小心調較儀器。

小蝸牛阿囡從樹後探頭出來，咀嚼著一片嫩葉。
阿囡：哥哥在聽甚麼？
陳仔：這位樹先生近來好像不太精神，蝸 (蝸牛的自稱，等於「我」) 想試試接收樹先生發出的訊號，希望可以幫幫他。
阿囡：但樹先生不會說話啊。
陳仔：森林裡的各位可以不說話也能傳遞訊息呢。

陳仔給阿囡帶上耳機，把金屬棒小心翼翼地一點一點插得更深。
阿囡漸漸聽到一些嘈雜的聲音，好像有很多人在說話，越深越大聲，最後就像媽媽 (Dr. Helen) 曾經帶他們去「飲茶」的酒樓。
阿囡：哥哥，下面很吵啊！
陳仔：這個儀器可以把植物和真菌用來互相通訊的化學物質訊號，翻譯成我們也能聽懂的語言，是哥哥的新發明！
陳仔自豪地說。

樹先生：蝸牛小妹妹，別再咬我了！

經過一輪調較，終於能聽清楚樹先生想說的話：蝸牛小妹妹，別再咬我了，你去吃別的吧。

關於數算事物時使用的量詞，對動物我們會數一「隻」蝸牛、兩「條」蚯蚓；對死物我們會數三「本」書、四「張」相片；對植物我們會數五「棵」樹、六「株」草等，但這些量詞都是以我們肉眼所見作基礎，單以植物來說，我們說的一「棵」樹指的只是地上的可見部分和地下看不見的，我們自以為了解的「根」。

人類也許早已忘記，地球上沒有生物能單靠自己生存，在漫長的生命演化過程中，每個物種都早已「連結」在一起，比起以每個個體單獨考慮，從它們之間的互動往往能學習到更多新知識。

細菌與豆類植物分享氮和碳

現代農業經常使用人工肥料 (又稱化學肥料)，為農作物提供氮、磷和鉀等元素，從而提高產量。氮是蛋白質、DNA (細胞核內的遺傳物質) 和葉綠素的構成元素之一；磷是 DNA、脂肪和攜帶能量的分子 (ATP) 的構成元素之一；而鉀則是和細胞層面的營養傳送和植物如何應對壓力有關。農夫可以按農作物的需要和發生的問題使用對應的人工肥料，加強根、莖、葉、花和果實等部分的發育，但使用過量會對環境造成污染，或積聚在泥土裡影響農作物生長。

近年有科學家研究以培植稱為「根瘤菌」的泥土細菌，在種植豆類植物時 (例如大豆、豌豆、紅豆、綠豆等)，加入需要增加氮的農田中代替使用人工肥料。根瘤菌在大自然中跟豆類植物是共生關係，根瘤菌居住在豆類植物的根部，稱為「根瘤」的增生部分。根瘤菌會把空氣中不溶於水的氮氣 (佔空氣成份 70%) 轉化成可溶於水的礦物質 (例如氨)，或製造成氨基酸，讓豆類植物的根部吸收。豆類植物則為根瘤菌提供含碳元素，可溶於水的有機化合物 (例如有機酸) 作為回報。

根瘤菌在泥土中是能夠單獨生存的，但成為豆類植物根部的一部分可以得到更多養分和穩定的繁衍環境，豆類植物也有了穩定的氮元素供應。由於根瘤菌和豆類植物都能從中得到好處，科學家把這種合作關係稱為「共生」(有別於只有一方得益的「寄生」)。

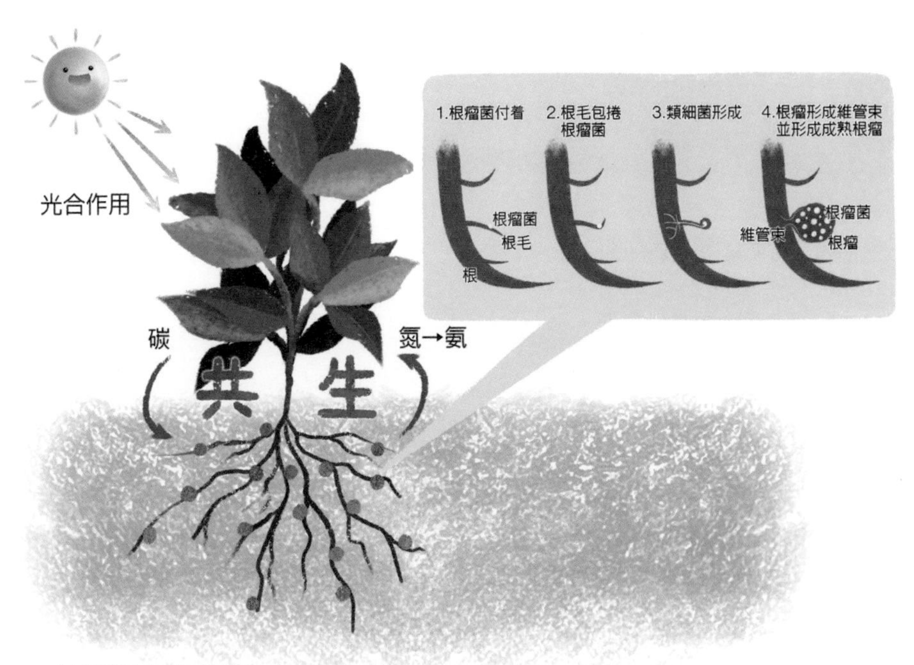

根瘤菌和豆類植物的「共生」關係。

真菌菌絲與植物根部的連結

我們平日常見的植物大多屬於「維管束植物」，例如木本植物 (喬木、灌木) 與草本植物、開花與不開花的植物、結果實與不結果實的植物等 (非維管植物包括苔蘚類和藻類)。維管束植物裡的維管組織，是由植物的根部延伸到莖部、莖部再延伸到葉部的管狀結構 (葉裡的維管組織稱為葉脈)，由木質部和韌皮部兩種管狀結構組成。木質部負責把水分和溶在裡面的礦物質往上輸送，因為含有木質纖維，所以可以支撐植物；韌皮部負責運送由光合作用產生的糖分，可以進行雙向運輸，就是植物哪個部分需要養分就把糖分輸送到那裡。

泥土下不只埋著植物的根部，還居住了很多真菌和微生物(例如細菌)，它們之間常有合作關係，互相為對方提供營養或保護，增加自己與對方的資源和生存機會。真菌長年待在地下(除了繁殖季節在地上長出蘑菇狀結構)，不能靠光合作用產生糖分作食物，所以它們主要的營養來源是把消化酵素分泌到體外，把來自其他動植物的有機物質消化和吸收。當真菌和維管束植物產生連結，真菌就能直接得到由光合作用產生的糖分。對於植物來說，真菌的菌絲增加了能夠吸收水分和礦物質的根部表面面積，被真菌覆蓋的部分也能減少被病原體感染。某些種類的真菌能合成維生素、抗生素，甚至是植物用的生長激素，供給連結中的植物使用。

大部分植物的根部與真菌的共生結構稱為「內生菌根」，科學家發現在80%與真菌有共生關係的植物中，真菌的菌絲會深入植物根部，圍繞著根部細胞之間的空間生長，或是進入根部細胞與其新陳代謝連結，一來可以交換營養，也能得到植物就環境改變而產生的化學物質。「內生菌根」中植物與真菌的配對是特定的，一種植物只能與一種(或少數情況下數種)真菌種類共生。約有10%的植物與真菌產生了「外生菌根」關係，真菌的菌絲不會長進植物根部，而是形成一個像劍鞘的結構套著每條根。「外生菌根」很多時候出現在森林裡樹木的根部，一種植物能與多種真菌種類共生，令整個森林都能得益。

由菌根連結而成的神經系統

科學家從研究化石和現代生物的分類學，估算出第一代的植物與真菌共生關係約在4億年前開始，當時陸地植物才剛出現，就和真菌產生連結了。科學家相信能夠形成菌根的特性，隨著陸地植物繁盛得以保留和繼續演化；而整個森林或棲息地裡的植物，更進一步演化成能以菌根網絡來互相傳送攜帶生物訊息的化學物質。

當一株植物被草食性動物吃的時候，會立即產生能修補和加強細胞壁強度的糖類來保護自己，同時會產生一些揮發性有機化合物，例如水楊酸類化合物，不但對草食性動物有害，也可以通知與自己有菌根連結的植物，提前製造這些化合物作準備，提高存活率。另一個有趣的例子是蚜蟲，牠們會用飲管狀的口部結構插進韌皮部吸食糖分，當一株植物被蚜蟲入侵，就會收縮韌皮部以減少被蚜蟲吸食的食物份量，同時產生揮發性有機化合物驅趕蚜蟲，也會經菌根網絡把這些化合物傳送給其他植物，讓它們預先做出這些反應，減少損失。科學家也發現年長的，已能有效進行光合作用的植物，在生存環境不佳的時候，會通過菌根網絡把自己製造的食物傳送給年幼的植物，以增加物種的存活率。

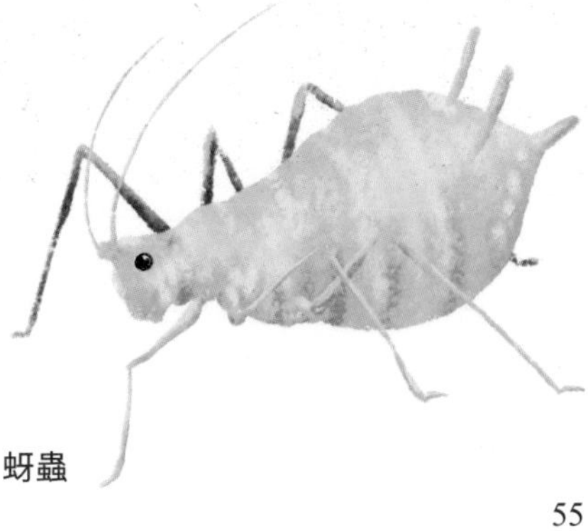

蚜蟲

菌根就像神經線一般把一眾植物連結起來，當其中一株植物「感應」到環境改變，在自己作出應變之餘，也會把因此產生的化學物質，像神經訊息般經菌根傳送到其他植物，「告訴」它們環境的改變。大自然的植物、細菌和真菌都不是單獨存在，而是連結成一個巨大的網絡，互惠共生。

大自然的地下網絡，比人類的固網電纜更複雜。

參考資料：

1. Remy W et. al. “Four Hundred-Million-Year-Old Vesicular Arbuscular Mycorrhizae.” Proc Natl Acad Sci U S A, 6 Dec. 1994, https://www.ncbi.nlm.nih.gov/pmc/articles/PMC45331/.

2. Wang B, and Qiu YL. “Phylogenetic Distribution and Evolution of Mycorrhizas in Land Plants.” Mycorrhiza, Springer-Verlag, 22 June 2005, https://www.doc-developpement-durable.org/file/Culture/Fertilisation-des-Terres-et-des-Sols/Mycorhization/Phylogenetic%20distribution%20and%20evolution%20of%20mycorrhizas%20in%20land%20plants.pdf.

3. HandWiki. “Plant to Plant Communication via Mycorrhizal Networks.” Encyclopedia: From Scholars for Scholars, https://encyclopedia.pub/entry/37942.

4. Giordanengo P et. al. “Compatible Plant-Aphid Interactions: How Aphids Manipulate Plant Responses.” Comptes Rendus Biologies, June 2010, https://www.sciencedirect.com/science/article/pii/S1631069110001125.

08 貪睡的蟬寶寶 - 質數與周期蟬

樹屋裡，阿囡一邊點著觸角，一邊數數字。

阿囡：2, 3, 5, 7... 11, 13, 17, 19, 23, 29... 29... 29...

陳仔：接著是 31 啊。阿囡你在背質數嗎？叻女！

阿囡：哥哥，這些數字真有趣，7　之後的數字在乘數表裡都看不到呢。

陳仔：對啊！阿囡你知道嗎？除了我們，還有一種小生物會「數」質數呢。我們去看看吧。

陳仔在自己的殼上掛上背包，在裡面放了兩對耳塞，還有一塊質地很軟的大樹葉。

陳仔：阿囡，潛地艇調整好了，我們出發吧。

潛地艇鑽進地底，一邊挖泥一邊前進，最後從一片草地冒了出來。
離開潛地艇前，陳仔幫阿囡戴上耳塞。
陳仔：要戴好耳塞啊，外面真的很吵。(觸角手語)

兩隻蝸牛來到一個森林，待在一顆大樹下。
阿囡：要爬上去嗎？好高啊蝸。(觸角手語)
陳仔：也對，對你來說太高了，你在這裡等哥哥吧。(觸角手語)

阿囡：好高啊蝸。

蟬褪

阿囡一邊等哥哥一邊發呆，在她忍不住好奇想拿掉耳塞前，陳仔回來了。

阿囡被陳仔嚇了一跳，哥哥咬著一隻……蟬？！

陳仔：這是蟬褪，蟬寶寶從泥土爬到樹上，最後一次褪皮後就成為大人了。(觸角手語)

陳仔小心翼翼地用大樹葉包好蟬褪，放進背包。

陳仔：我們回家吧！(觸角手語)

現在地球上已知約有三千種蟬，牠們的生命周期有長有短，從產在樹上的卵孵化成若蟲，到爬進泥土裡經歷數次褪皮和成長，再爬回樹上最後一次褪皮，成為成蟲後交配產卵，最後死亡，按不同品種需要二至五年。蟬的一生中大部分時間是以若蟲的形態留在泥土裡成長，成蟲一般只有四至六星期

壽命。雄性成蟲會在樹上震動鼓室 (腹部的硬膜)「唱歌」來吸引異性，雌性成蟲也會震動鼓室作出回應，一對蟬在一個繁殖季節能產下數百顆卵。雌性成蟲會把樹皮切開，把卵產在縫裡，卵約在數星期後孵化，若蟲會掉到泥土上，自己鑽進大約2米深，從樹木的根部吸取養分成長，度過生命中多於 90% 的時間。

每年夏天，都會有蟬長成成蟲，同一批蟬卵不一定會在同一年變成成蟲，有些可能會早一年或是晚一年長成之類。當中卻有些品種，不但若蟲留在泥土裡的時間比一般的蟬長得多，而且十分「守時」和「合群」，同一批蟬卵全都會在同一年成為成蟲，科學家稱牠們為「周期蟬」。一般的蟬的身體主要是黑色的，配有綠色和棕色的部分，而周期蟬在黑色的身體上，眼睛、腳和翅膀的脈絡都是橙紅色的，十分顯眼。

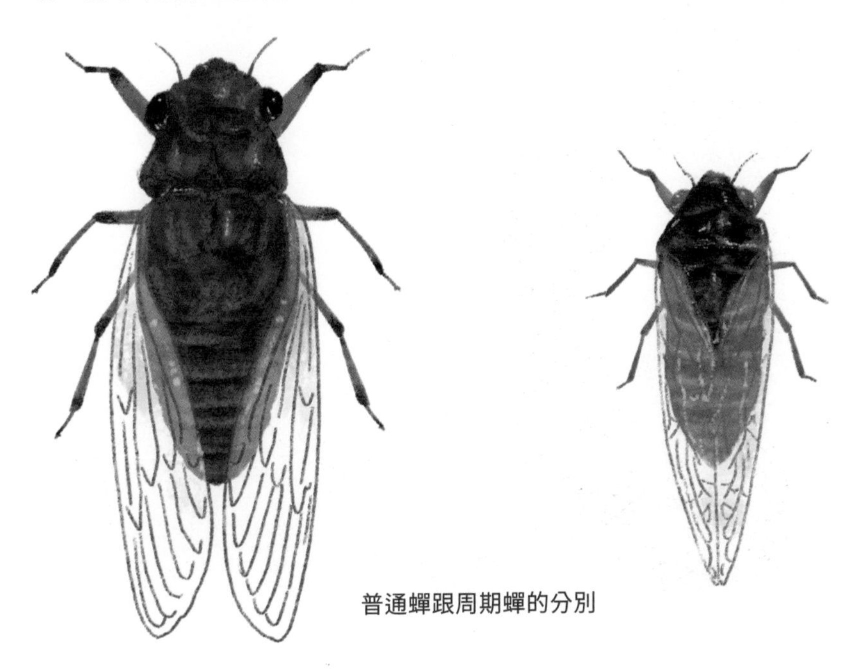
普通蟬跟周期蟬的分別

「守時」和「合群」的好處

科學家在美國東部記錄了七個品種的周期蟬，按成蟲成批出現的規律分成三十個家族，待在泥土裡 13 年的叫 13 年蟬，主要居住在南方，待在泥土裡 17 年的叫 17 年蟬，主要居住在東北方。一般的蟬在 6 月至 7 月長成，周期蟬則在5月至6月長成。大部分的蟬的若蟲長到夠大了就會爬出泥土，所以同一批蟬卵生成的成蟲，可能會因生長速度不同而在不同年份出現。一般的蟬與周期蟬相比，每年長成的成蟲數量較小，找對伴侶交配產卵的機會也較少，被捕獵者吃光的機會則更大。

蟬脫殼而出。

會捕獵蟬的動物有很多，包括其他昆蟲(例如黃蜂、螳螂)、鳥類、爬蟲類或是一些小型哺乳類(例如松鼠、蝙蝠) 等。這些捕獵者的生命周期較短，有1年的，也有2年、4年之類，而且幾乎所有生物都在春夏間繁衍，所以如果一批周期蟬每次離開泥土的時間間隔太短，或是雙數，會遇上捕獵者的機會就會增加。

有科學家曾經計算過，如果周期蟬的生命周期是質數 (只能被1和自己整除)，加上有一定長度，就能把因「撞上」捕獵者而至的損失減低。例如，如果由同一年開始計算周期，若一種捕獵者的生長周期是4年，那麼生長周期是1年的蟬每4次周期就會碰上1次捕獵者長成，生長周期是2年的蟬每2次周期就會碰上1次捕獵者長成，生長周期是4年的蟬則每個周期都會碰上捕獵者長成。對於13年蟬來說，會是 13 x 4 = 52 年才會碰上捕獵者；對於 17 年蟬來說，則會是 17 x 4 = 68 年才會碰上捕獵者；而牠們兩者則每 13 x 17 = 221 年才會碰上對方成為資源競爭者。

當然也不可能無限期躲在泥土裡，不爬出來就沒可能遇上其他蟬來傳宗接代，所以13年或17年的周期是剛好。這不是周期蟬懂得數學計算，而是其他生命周期長度的蟬，面對的生存風險較高。周期蟬一旦長成就是整批蟬卵一起變成成蟲和交配，只要捕獵者的數量沒有在第 13 年或第 17 年突然增加，就可以避免「團滅」。另一方面，整批出現的成蟲可以高達每公頃150萬隻，靠近時蟬叫聲可以超過100分貝(好比耳邊有一架開動的剷草機)。有科學家曾經記錄，周期蟬出現時，鳥類在該區域的數量會減少，相信是受不了「突然」出現的巨大蟬鳴聲。

「怕冷」的蟬寶寶

科學家對這特別的周期是怎樣演化而來有不同說法，主流的說法是蟬為了適應上一個冰河期而產生的結果。距離現在最近的冰河期是約285萬年前開始的第四紀大冰期(我們正身處這個大冰期的間冰期中，因為南北極的極冠仍然存在)，期間北美洲東方在冬天時多被冰層覆蓋，到夏天冰層會溶解，平均溫度只有約10°C左右。蟬的若蟲靠從樹根的木質部吸食樹液為生，所以樹的生長情況會影響若蟲能得到多少營養。天氣較冷時樹木的新陳代謝率會降底，若蟲能得到的營養也減少，所以若蟲需要更長時間才能長得夠大離開泥土。

也許你會覺得只是長慢一點沒關係，但其實這段期間是有較暖和較冷的春夏，如果蟬的生長周期較短，會撞上較冷的春夏的機會會較高，離開泥土後的生存環境會較差，能成功繁殖的機會會較底。一個物種在生物學上是否成功，不是取決於個體的數量，而是物種本身能否延續下去，而較冷的天氣會令蟬的抗冷性和抗病性變差，繁殖能力也會下降。如果一直遇上較冷的天氣 (只是間中遇上也是不利的)，那個家族的蟬的數量會漸漸減少，甚至有一天會完全消失。

曾經有科學家收集了各個家族的周期蟬來研究牠們的基因，發現現存的周期蟬最早能追溯到約400萬年前，在約250萬年前出現第二個分支，到50萬年前再出現第三個分支。有趣的是，這三大分支裡都有13年蟬和17年蟬，所以科學家相信，周期蟬的祖先先是演化成按生長年期而不是按生長大小決定若蟲何時離開泥土，然後才固定周期在質數年份13年或17年。需要注意的是，還有很多其他品種的蟬捱過了上一個冰河期，所以演化成周期蟬不是必須的，而是其中一種生存策略而已。

蟬寶寶的「時鐘」

科學家偶然會發現有體型比同一家族的周期蟬小的成蟲，或未完全長成的周期蟬，跟著同一批蟬離開泥土，所以聯想到周期蟬的長成是按時間而不是按長得多大。至於周期蟬是如何「計算」時間，科學家相信，相比起完全靠若蟲自身的生理時鐘，或是在泥土中感受每年的溫度變化，依賴牠們吸取營養的樹木更為可靠。樹木隨著季節變化會有不同的新陳代謝率，周期蟬就是以此「知道」地面的狀況。曾經有科學家做過實驗，他們改變了樹木的生長周期，發現周期蟬的成長也隨著改變，所以周期蟬的周期不是以人類發明的歷法計算，而是以樹木和大自然的冷暖更替。

蟬兒懂看時鐘？

陳仔與阿囡發現了......？

參考資料：

1. David Brown. “Cicadas’ Bizarre Survival Strategy.” Nbc News, 5 May 2004, https://www.nbcnews.com/id/wbna4893167.

2. Caitlin Huff. “The Differences between Periodical and Annual Cicadas:” WKRN.Com, 10 May 2021, https://www.wkrn.com/news/the-differences-between-periodical-and-annual-cicadas/.

3. Sota T, et. al. Independent Divergence of 13- and 17-y Life Cycles among Three Periodical Cicada Lineages. PNAS, 22 Feb. 2013, https://www.ncbi.nlm.nih.gov/pmc/articles/PMC3637745/pdf/pnas.201220060.pdf.

4. Karban R, et. al. How 17-Year Cicadas Keep Track of Time. Ecology Letters, 2000, https://onlinelibrary.wiley.com/doi/epdf/10.1046/j.1461-0248.2000.00164.x.

09 黑暗中的幽靈公主-失去顏色的地底生物

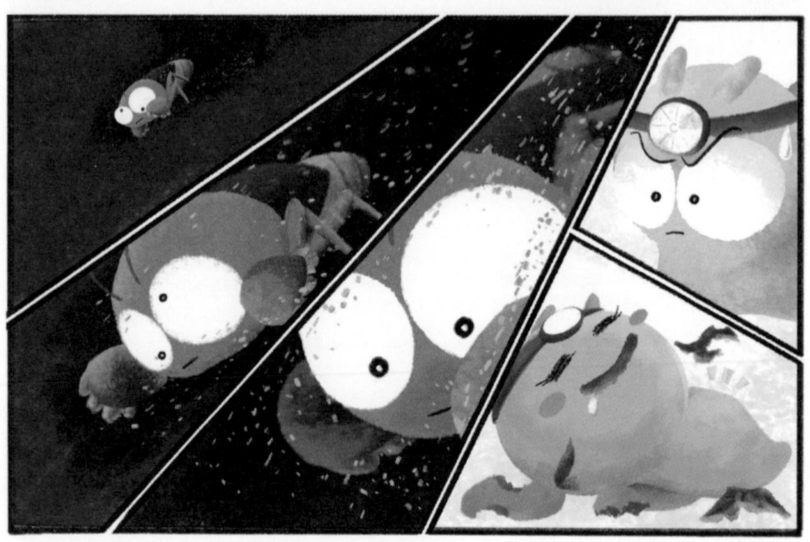

樹屋裡，陳仔在頭上戴了支電筒，又在自己的殼上掛上兩個背包，也幫阿囡戴上電筒。

陳仔：我們今天去探幽靈公主，要到很深的地方，潛地艇要潛很久的，要多帶些食物一會吃。

陳仔邊說邊往背包塞菜葉和阿囡最愛吃的紅蘿蔔。

阿囡：哥哥，蝸未見過幽靈公主啊，她真的是幽靈嗎？蝸有點害怕……

陳仔：不用怕，有哥哥在嘛。

潛地艇裡，阿囡吃飽了，打了個哈欠。

阿囡：哥哥，蝸們還要潛多久？

陳仔：幽靈公主的家在地底下1公里的洞穴裡...啊，到了。

潛地艇 · 蛄螻號

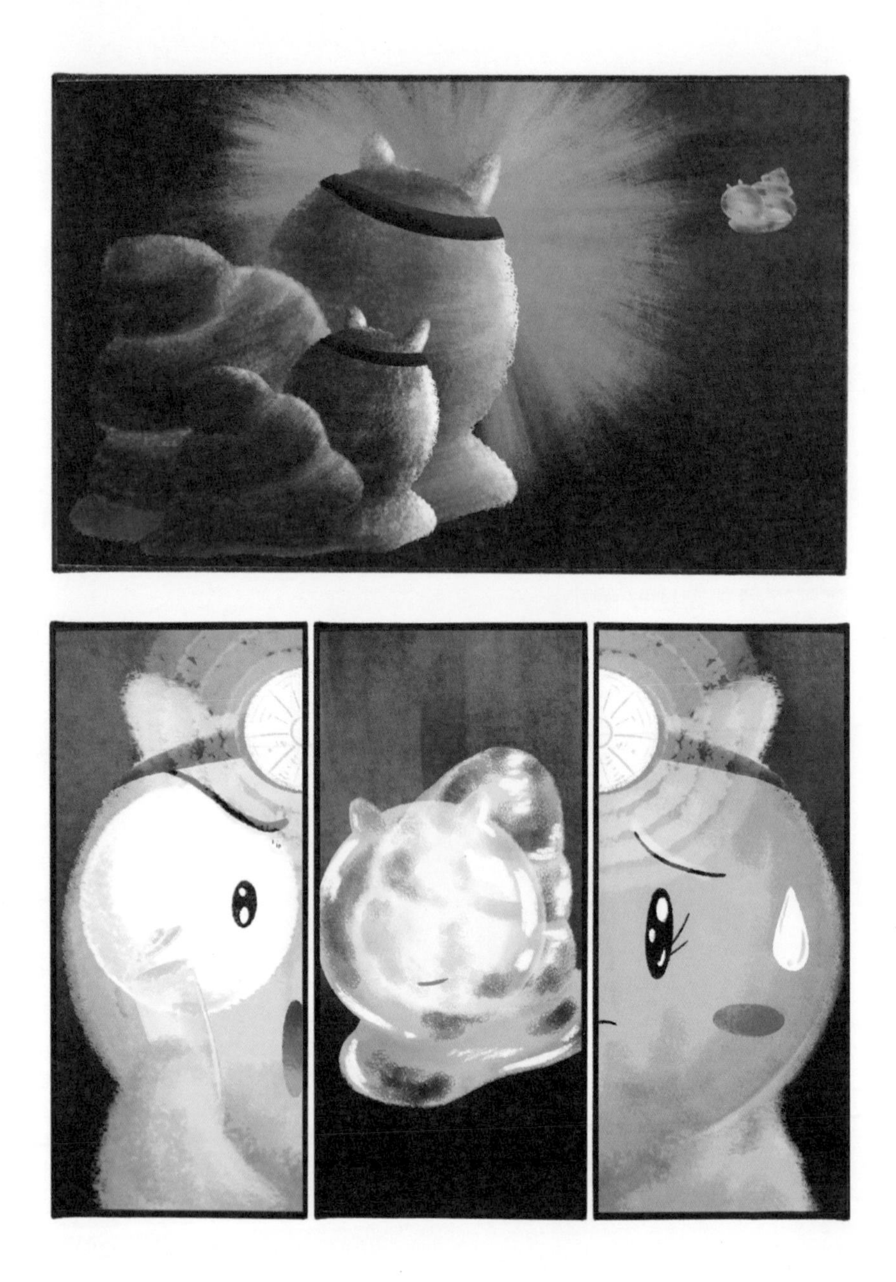

陳仔和阿囡從潛地艇出來，開了頭上的電筒，在洞穴裡到處張望。

遠處傳來輕飄飄的聲音：陳仔，是這邊啊！

阿囡：蝸！嚇蝸一跳！

陳仔：阿囡，不用怕，是幽靈公主啦。

幽靈公主：阿囡，初次見面，不好意思嚇到你了。

阿囡躲在陳仔身後，這才看清楚眼前的蝸牛，體型嬌小，殼和身體都是透明的，在燈光下閃閃發光亮，是她見過最漂亮的幽靈。

陳仔從背包拿出一個小膠樽：請給我們一點泥土！

成功採集樣本泥土！

美貌與實用並重

我們生活在地面上，已經不知不覺地習慣了陽光下的「顏色」：藍天白雲與綠色的植披，紅黃紫白的各種花朵，還有各種動物身上的鱗片、羽毛和毛髮，甚至是真菌 (包括色彩斑斕的蘑菇) 和細菌 (例如金黃葡萄球菌)，也有自己的顏色。

生物的顏色來自色素，和生物的生存環境有很大關係，例如綠色的葉綠素的作用是從陽光獲取能量，花瓣的顏色的作用是吸引昆蟲傳播花粉，動物身上的斑紋的作用可以是保護色 (例如非洲草原上的斑馬)，也可以是向捕獵者宣示自己有毒 (例如熱帶雨林裡顏色鮮艷的毒箭蛙)，是生物之間的非言語交流。(附註：花瓣的顏色來自色素反射了部分可見光，不少花瓣上還有可以反射紫外線的圖案，替傳播花粉的昆蟲引路到分泌花蜜的地方 (稱為蜜源標記)，昆蟲途中會經過花蕊，黏上花粉。

完全在地下生活的生物就不一樣，牠們長年見不到陽光，所以不需要葉綠素，反正沒有光源，也不需要花費資源製造其他色素。不少一生都生活在地底的生物 (真洞居生物) 不但沒有顏色，甚至會演化成透明。

你喜歡什麼顏色？

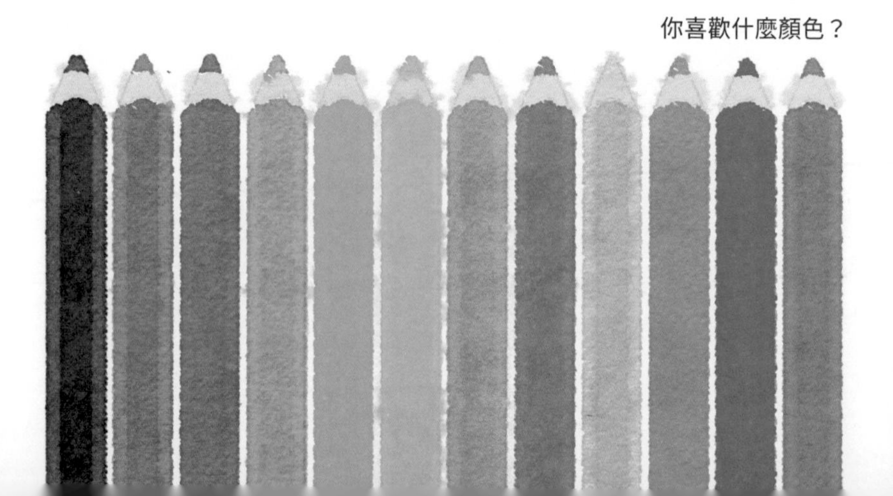

地下洞穴的幽靈

科學家在 2012 年探索位於克羅地亞的韋萊比特山脈的 Lukina Jama–Trojama 地下洞穴系統時，發現了一種體型很小的蝸牛 (學名：*Zospeum tholussum*)。當他們深入地底約740米的時候，開始發現空的蝸牛殼，這些蝸牛殼是透明的，只有 2mm x 1mm 大小。順著近乎垂直的洞穴而下，周圍的環境只有沙石和細小的溪流，他們陸續在濕泥中發現了八個同品種的蝸牛殼。當他們到達地底 980 米深，終於發現一隻同品種蝸牛的活體。這隻小蝸牛沒有眼睛，身體也是透明的，所以被稱為透明洞穴蝸牛，科學家也說牠們就像幽靈一般。有趣的是，這隻小蝸牛竟然是這個洞穴唯一的居民，科學家相信牠們的生活模式大多不常移動，或是由水流或其他動物帶著移動。

猶如幽靈般的地底蝸牛。

長著吸血殭屍的牙齒

以我們日常所知，大部分蝸牛是素食者(也有少數肉食性蝸牛)，主要吃有葉植物和果實，也會吃真菌。大家也許不知道，蝸牛也會「吃」堅硬的東西，蝸牛的殼主要由碳酸鈣組成，所以會吃石頭 (例如石灰岩) 補充碳酸鈣。蝸牛的舌頭上有近二萬隻牙齒，稱為舌齒，雖然每隻都是微米級 (100萬微米 = 1米)，要用電子顯微鏡才能看清楚，但每隻都是由堅硬的甲殼素製成的微小結構組成。蝸牛一生中還會長出新的舌齒來補充磨損的舌齒，讓蝸牛保持「食力」。不同品種的蝸牛的牙齒形狀會有一些差異，有些像一塊刀片，有些邊緣有鋸齒，有些形狀像船槳等。

另一隊科學家在 2021 年，探索西班牙北部的地下洞穴時，發現了一種透明洞穴蝸牛的近親 (學名：*Iberozospeum costulatum*)，也是體型細小的蝸牛，透明的殼大小只有約 1.5cm (已算是中等大小的洞穴蝸牛)，部分個體偏黃，不是完全透明。這種蝸牛的舌齒形狀比較特別，在中間分成兩片後長得又長又尖，像兩隻吸血殭屍的犬齒，卻又比附近其他品種的蝸牛細小。團隊的科學家認為這種蝸牛的舌齒會演化成這樣子，是和環境中泥土的密度有關。

魚翁失眼，焉知非福

另一個例子是洞穴魚，因為長期生活在地下洞穴的水裡，逐漸演化成不製造色素，身體透明，能清楚看見紅色的鰓。因為沒有陽光，就不需要用眼睛辨別事物，所以已經沒有眼睛了。

墨西哥麗脂鯉是一種熱帶淡水魚，最長可生長至 12cm，約在2萬年前根據生活環境，演化成分別能適應地面和地底的兩個分支 (仍然是同一品種，可以一同孕育後代)。地面的魚生活在有充分陽光照射的河流，有良好視力，魚鱗上有色素和閃光細胞，看上去是銀色的。地底的魚生活在洞穴裡，沒有陽光照射的河流，所以不需要眼睛，也不需要色素和反光，是一條鱗片透明，身體是淺粉紅色的魚 (也稱為白化)。牠們可以把資源 (營養和能量) 投放到身體其他地方，更加適應生存環境。例如，牠們改為更依賴嗅覺，頭上長了很多味蕾，從水的氣味感知環境，牠們甚至演化出不同的新陳代謝模式，比地面上的親戚的新陳代謝率低，能儲存更多脂肪，應對食物供應不穩定的地下環境。

有趣的是，科學家發現住在不同洞穴的墨西哥麗脂鯉演化出不同「語言」。雖然魚類沒有聲帶，不能像我們能以震動聲帶的方式發出聲音來說話，但牠們可以透過擠壓魚鰾或磨擦骨頭（例如頭骨）來發出聲音。科學家記錄了六個洞穴裡墨西哥麗脂鯉發出的聲音，發現聲音的音調、頻率和長度都不一樣，相信是因為分開生活，隨機的基因變異慢慢積累而產生的。

科學家從研究不同生物如何適應在地底生活，發現無論是身體上的顏色或是眼睛，在演化中並不是「失去」，而是讓生物更適應生存環境的一種優勢。

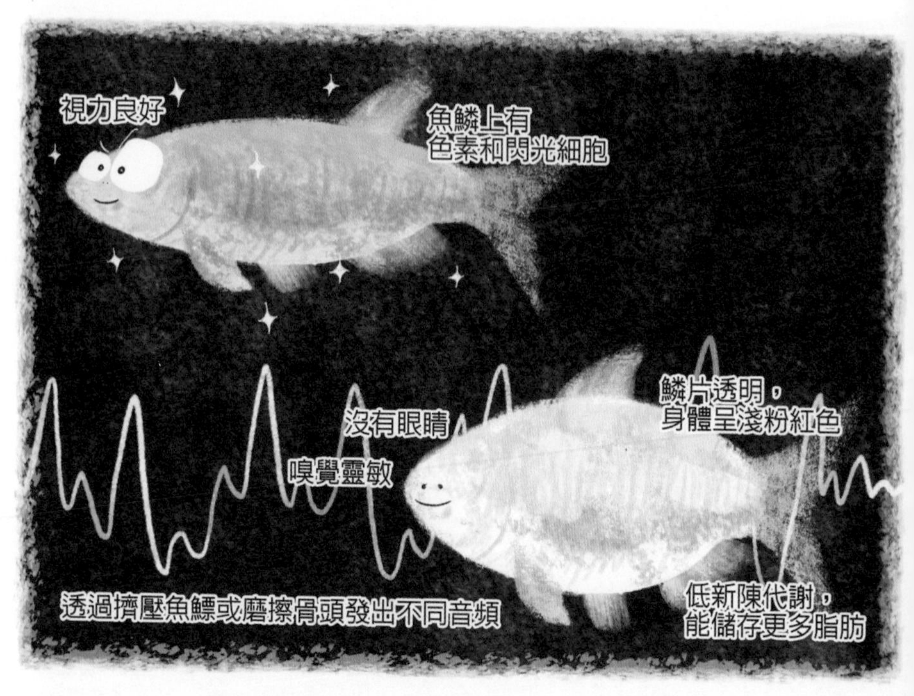

參考資料：

1. Eleanor Imster. “A New Beautiful Translucent Snail from the Deepest Cave in Croatia.” EarthSky, 10 Sept. 2013, https://earthsky.org/science-wire/a-new-beautiful-translucent-snail-from-the-deepest-cave-in-croatia/.

2. Tessa Koumoundouros. “Newly Discovered Transparent Cave Snail Has Long Rows of Intimidatingly Spikey Teeth.” Science Alert, 17 Dec. 2021, Newly Discovered Transparent Cave Snail Has Long Rows of Intimidatingly Spikey Teeth.

3. Senckenberg Research Institute and Natural History Museum. “Newly Discovered Cave Snail with Spiky Teeth.” Phys.Org, 14 Dec. 2021, https://phys.org/news/2021-12-newly-cave-snail-spiky-teeth.html.

4. Richard Kemeny. “Blind Mexican Cave Fish Are Developing Cave-Specific Accents.” New Scientists, 14 Apr. 2022, https://www.newscientist.com/article/2316002-blind-mexican-cave-fish-are-developing-cave-specific-accents/.

10 一變二、二變四？
蚯蚓分身術

樹屋裡，阿囡正在包裝一個禮物盒，粉紅色的花紙配上黃色絲帶，阿囡很是滿意。

陳仔在看一幅比他的殼還要大的地圖。

陳仔：阿蚯住在這裡 (用觸角點一點像迷宮的通道的一個角落)，

我們還是走地道去好了，早點出門吧。
大小二蝸全靠陳仔懂得看地圖，才能準時到達。

阿囡：阿蚯，祝你生日快樂！
阿蚯：陳仔、阿囡，你們來了！我們來切蛋糕吧！
阿蚯拿著一把刀，高高舉起，正要切下去，卻手滑了，眼看刀就要插到阿蚯，阿囡嚇得躲到陳仔身後。
阿蚯：啊！！！我被切成兩半了！！！
阿囡嚇得縮進殼裡。

阿蚯：阿囡，別怕，我只是變成了兩條蚯蚓啦！(疊聲)
阿囡從陳仔身後探頭出來，真的看到兩條蚯蚓。
阿蚯：我是阿蚯！
阿蚓：我是阿蚓！我是阿蚯的孖生弟弟。
阿蚯和阿蚓：我們跟你們開玩笑啦～作為陪罪，這個送給你們！

阿囡接過紙盒，裡面是不知道來自阿蚯還是阿蚓的一節尾巴。(阿囡：汗|||)

不知道大家有沒有聽過以下這個笑話：蚯蚓一家放假在家，覺得很無聊，所以想找點消遣。小蚯蚓把自己分成兩節，

變成兩條蚯蚓去打乒乓球；蚯蚓媽媽把自己分成四節，變成四條蚯蚓去打麻雀。過了很久蚯蚓爸爸都沒動靜，於是牠們就去找爸爸，卻見到很多節沒頭沒尾的蚯蚓。蚯蚓爸爸的頭：我本來是想踢足球的，救命啊！！！

以上只是個有趣的故事，首先，蚯蚓是「雌雄同體」的，每條蚯蚓同時有雌性和雄性的生殖器官 (不過還是需要有兩條蚯蚓才能繁衍後代)，所以每條蚯蚓沒有性別之分，同時是爸爸也是媽媽。(雖然在這本書的設定裡，陳仔和阿囡是兄妹，但蝸牛其實也是雌雄同體的。) 至於故事中的蚯蚓爸爸能否長成一隊蚯蚓足球隊，就要視乎牠是哪個品種的蚯蚓了。

蚯蚓的簡約身體結構

雖然我們有時會把蚯蚓當成「蟲」，但蚯蚓不是昆蟲，也不是其他生物的幼蟲，更不會在「長大」後「長出」腳，我們平日下雨時在路邊看到的大都已是成體。

蚯蚓屬於環節動物，是一條左右對稱的肌肉管 (環)，身體分成一節節 (節)。蚯蚓的身體由環狀肌肉 (走向與身體闊度平衡) 和縱向肌肉 (走向與身體長度平衡) 組成，表面有黏液分泌，可以讓身體表面維持濕潤，也可以減少行走時被沙石刮傷身體。蚯蚓沒有肺，全靠這些黏液幫助呼吸，空氣中的氧氣和蚯蚓的新陳代謝產生的二氧化碳可以溶在黏液裡，滲入或滲出身體。我們常在下雨時看到從泥土爬到路面的蚯蚓，其中一個原因是泥土浸滿了水，阻礙了從身體表面吸取氧氣，所以才逃到地面。

蚯蚓的心臟有五對血管，可以把含氧量較高的血液泵向頭部，而蚯蚓向前移動時縱向肌肉會由頭部開始收縮，這樣可以把血液泵到身體後方其他部分。蚯蚓的身體表面看似光滑，其實每一節都長著十數條細小的剛毛，需要時可以伸出來抓著泥土和地面，幫助爬行。

紅蚯蚓再生實驗

關於把蚯蚓從中間切開會變成兩條蚯蚓的說法，已經流傳很久，相信是來自農夫和花農的觀察，他們是最容易發生用鋤頭把蚯蚓分成兩段的人，也最可能發現這些斷了的蚯蚓身體可以變成新的蚯蚓。科學家也著手研究過這個課題，發現不論是用鋤頭還是手術刀都不是問題，重點是蚯蚓的身體在哪裡斷開。

蚯蚓的每節身體都生長著不同器官，以主要生活在泥土裡，以動植物殘渣作食物的紅蚯蚓為例，牠們全身約有 100 節，頭 20 節已包含了口、腦、咽喉、心臟、睾丸、卵巢、嗉囊 (功用是暫時存放食物)、砂囊 (存放蚯蚓吞下的砂石幫助磨碎食物) 和腸道的開端。往後的節數主要是其餘的腸道、由第一節延伸到尾的神經線和血管，還有在最後一節的肛門。科學家的研究發現，同樣是把紅蚯蚓一分為二，切斷的位置不同會有不同的結果。

紅蚯蚓有在受傷後可以重生的能力，使牠們在受到捕獵者襲擊時，只剩半條仍能生存下去，但就不一定能繼續繁衍後代了。

斷點：心臟前方
前段：死亡
後段：重新長出頭部
（得到一條完整蚯蚓）

斷點：卵巢後方
前段：死亡
後段：重新長出前段
（得到一條完整蚯蚓，但不包括生殖器官）

斷點：腸道開端
（第20至21節之間）
前段：長出完整後段
後段：長出完整前段
（得到兩條完整蚯蚓）

斷點：第23節後至第55節前
前段：死亡
後段：從切口處長出尾部
（得到一條兩邊都是尾的蚯蚓）

斷點：第55節後
前段：重新長出尾部
後段：死亡
（得到一條完整蚯蚓）

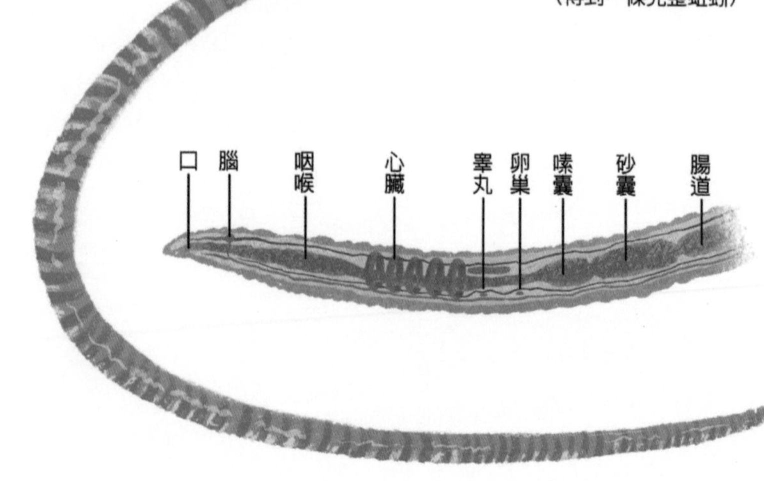

為人類帶來新希望的研究

除了紅蚯蚓，科學家還研究了同樣是環節動物家族的其他成員，例如蚯蚓的近親加州黑蟲和白色蠕蟲的繁殖方式，牠們的再生能力比紅蚯蚓更厲害。例如主要生活在泥濘和淺水區域的加州黑蟲，牠們的身體無論在哪裡被切斷都能夠從切口長出一個完整的頭部，甚至會在生存環境產生急劇改變時自行折斷身體重生成兩條完整的黑蟲，提高族群的存活率。白色蠕蟲的繁衍方式更是直接自行斷成數節，再重生成數條下一代。

當然以現在的科技，人類不可能把自己一分為二再重生，但科學家對這些環節動物的研究有助了解牠們如何再生神經、血管和肌肉的機制，有助研發減緩人類器官退化疾病的藥物，甚至是接駁斷肢，修復神經損傷等狀況的新療法。蚯蚓們雖然「細小」，但可以為人類帶來「巨大」的知識寶庫。

↑蚯蚓的頭號天敵・鼴鼠

後來的故事

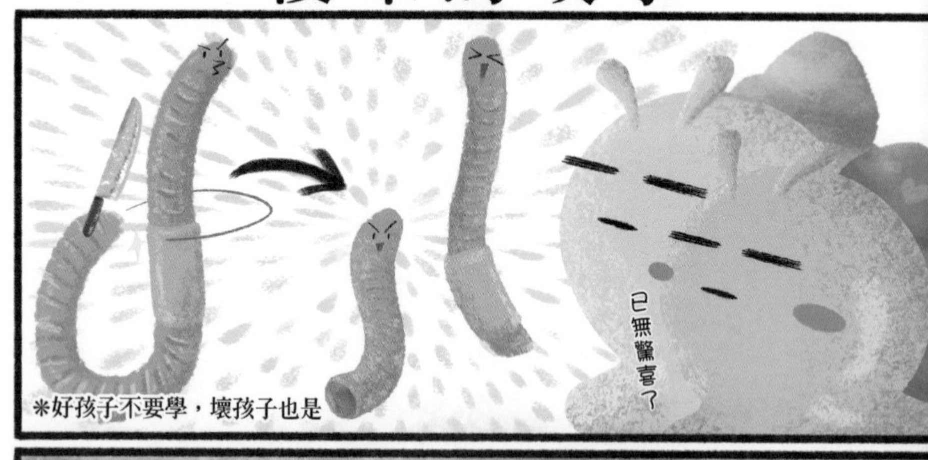

參考資料：

1. Patterson Clark. “Making Heads and Tails out of Severed Earthworm.” Urban Jungle, Washington Post, 4 June 2013, https://www.washingtonpost.com/wp-srv/special/metro/urban-jungle/pages/130604.html.

2. “Life of an Earthworm.” Journey North, University of Wisconsin–Madison Arboretum, https://journeynorth.org/tm/worm/WormLife.html.

3. Chris Deziel. “What Do Blackworms & Earthworms Have in Common?” Sciencing, 22 Nov. 2019, https://sciencing.com/do-blackworms-earthworms-common-8418384.html.

11 地底的黃金鄉 - 從廢水過濾金屬的細菌

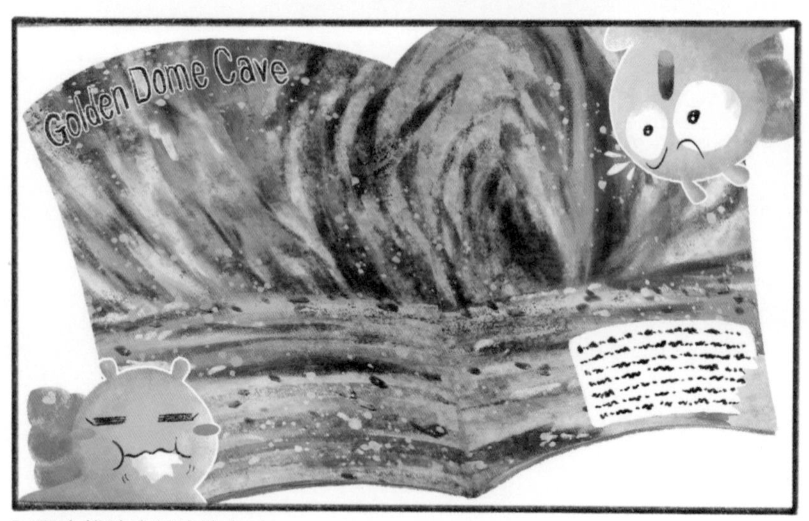

阿囡吃雜誌吃得津津有味。

樹屋裡，阿囡看到桌子上放著一本旅遊雜誌，陳仔在介紹熔岩洞穴的一頁插了書簽。

阿囡：哥哥，這個洞穴有很多黃金啊！蝸們去尋寶吧！

正在收拾行李的陳仔回頭，發現阿囡在邊看邊咬雜誌。

陳仔：阿囡，不要吃雜誌啊。(蝸牛都很喜歡吃紙。) 那裡的金色不是黃金，是比黃金更有趣的東西。哥哥帶你去看看吧。

潛地艇上，阿囡還在看雜誌，這次她咬的是陳仔為她準備的青瓜。

陳仔：記著一會兒不要亂碰牆壁，要花很久才能復原的。

阿囡：好的，蝸會小心的。

阿囡：青瓜可以吃，還可以敷面。

兩隻小蝸牛頭戴電筒，小心翼翼地走出潛地艇。
阿囡：蝸！這裡就像一座金色的大教堂！
陳仔：來吧，站在這裡。
陳仔向洞穴內壁的方向點了一下觸角，從背包拿出相機。
陳仔：三、二、一，笑～
在陳仔眼中，在金光閃閃的背景前，他可愛的妹妹有點害羞地用觸角擺了個「V」字。

◆

地面上的生物可以從陽光獲得能量，稱為光合作用；地底的生物也有其他獲得能量的途徑，例如從化學反應中得到能量，稱為化學合成作用。

探索「黃金」地洞。

有很多居住在地底的微生物能夠在充滿重金屬的環境生活，而這些重金屬對地面上的生物是有毒的。地殼裡的金屬礦藏會因為水土或化學侵蝕，以微粒或離子的形態流失到附近的水土中。一般的微生物是不能在這種「被污染」的環境存活的，但總有些微生物能演化成適應這種環境，化「廢」為「寶」。科學家通過研究這些長年與地面隔絕的生態系統，有助了解生物如何在有如「外星」的環境中演化。

細菌鍊金術師

在 2006 年，一隊科學家團隊在全世界第五深 (3.42公里)，位於南非威特沃特斯蘭德盆地的 Driefontein Mine 金礦發現了硫酸鹽還原細菌，例如脫硫弧菌。這種細菌會吸附在硫化亞鐵礦物上，把溶在水中的金離子結集成納米大小的金粒 (少於10納米)。金粒剛形成的時候是在細菌裡的，當細菌繼續生長，就會把金粒排出去，包裹在自己的表面。

團隊在 2007 年發表了後續研究，他們在實驗室裡培養脫硫弧菌，這些細菌會製造球體形狀的納米金粒，包裹在自己表面。根據他們的實驗，這些細菌會把金粒釋放到培養液中，形成微米大小的八面體結晶，甚至是毫米大小的金箔。有了這些發現，相信未來可以利用這些來自金鑛的細小居民，從採金鑛時產生的廢水中「鍊金」。

看招！細菌鍊金術！

黃金炸雞塊

科學家早在 1970 年代已發現在金礦附近的河流拾到的金粒上，沾有特定種類的細菌 (例如耐金屬貪銅菌和代爾夫特食酸菌)，所以聯想到金粒的形成可能與細菌的新陳代謝有關。科學家稱這些金粒為 Gold nuggets，nuggets 的中文意思是雞塊。

科學家在實驗室的培養碟上養殖耐金屬貪銅菌，同時加入銅離子和金離子，這個組合比只有銅離子或金離子的毒性更高。當銅離子在耐金屬貪銅菌內積聚到一定濃度，這些細菌就會用自己表面的蛋白質通道把銅離子排出去，以防中毒。不過，這自行解毒的能力會被金離子影響，所以細菌會以化學反應把金離子沉澱成不能在水中溶解的納米大小顆粒，減少傷害。

在自然環境中，往往是多種重金屬離子混雜的，例如鉛、鐵、錫、銅、銀、金、汞 (水銀) 等。科學家相信，要適應這樣的環境，就是細菌能「製造」金粒的原因。

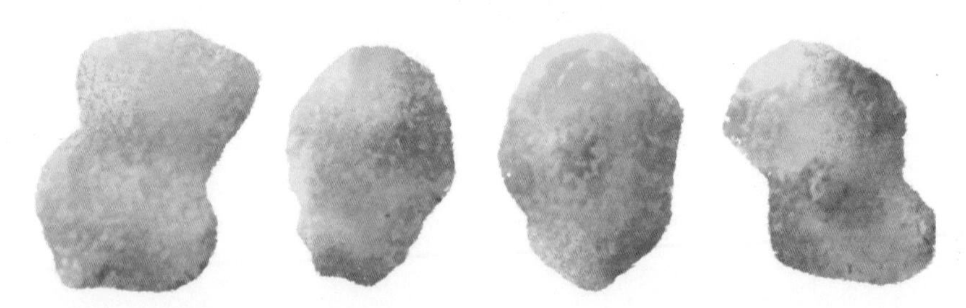

你能夠一次過吃多少塊炸雞塊？

猶如「外星」的地底生態系統

另一隊科學家團隊在 2005 年發表了一項研究，他們同樣在南非的 Driefontein Mine 金礦取樣，研究與地面隔絕的生態系統。雖然不及研究能製造金粒的細菌吸引公眾，但意義重大。他們選擇了距離鑛洞 1.5 公里處開始鑽孔，以減少人為影響，從地下 2.7 公里至 3.4 公里之間取了6個樣本進行分析。地底的環境比地面高溫 (約54°C-60°C) 和偏鹼性，同時含有很多對地面生物來說是有毒的化學物質，例如甲烷、硫化物、氨、氫氣和金屬離子等。

科學家在距離地面約 3.3 公里處，發現了在土壤中常見的脫硫腸狀菌，和在缺乏氧氣的沉積物中常見的甲烷桿菌的遺傳物質。在這種嚴苛的環境中，兩種細菌分別從硫化物和甲烷的化學反應中獲取能量，根據科學家的計算，它們還可以從對方的新陳代謝產物獲取能量，互惠互利。

科學家還從樣本中抽出水分，分析溶在裡面的氣體，發現這些水有上百萬年歷史 (約 400 萬至 5300 萬年)，而且很可能來自從太空掉下來的隕石，加上採樣地點遠離鑛場的供水系統，所以相信是一個長時間在地底獨自演化的生態系統。這些研究可以幫助科學家了解生命如何在猶如「外星」的環境中存活和演化。

互惠互利。

鋪上金色牆紙的洞穴

科學家也有在不同地貌中尋找地底生系統，同樣為微生物所製造的一片「金光閃閃」驚嘆。在位於美國加州的熔岩層國家保護區，有一個被稱為「金色穹頂」的洞穴，是由火山爆發後熔岩冷卻形成。遊客需要躬身經由比成年人身高矮的通道進入，進入洞穴後才可以挺直身體。因為洞穴的高度和大小就像一所教堂，洞穴內壁經遊客攜帶的燈光照射，反射著金色的光芒，故稱作「金色穹頂」。

洞穴內壁上的不是黃金，而是一大片生物膜，由多種微生物混合在一起生長而成，當中包含放線菌及其他13個類別的細菌，表面是疏水性的，水滴滴在上面會滑走。科學家相信這個洞穴是在數萬年前的火山爆發後形成，產生了數百個地下洞穴，所以這些生物膜應該也有一定歷史。

「金色穹頂」是著名的旅遊點，也吸引了一班來自美國太空總署的科學家的注意。他們認為月球和火星上也有相似的地貌，研究洞穴裡的水土環境和微生物有助了解月球和火星上生物可能出現的地方和生物的形態。

參考資料：

1. Debora Mackenzie. “Gold Mine Holds Life Untouched by the Sun.” New Scientists, 19 Oct. 2006, https://www.newscientist.com/article/dn10336-gold-mine-holds-life-untouched-by-the-sun/.

2. Martin-Luther-Universität Halle-Wittenberg. “Bacteria Produce Gold by Digesting Toxic Metals.” Phys.Org, 1 Feb. 2018, https://phys.org/news/2018-02-bacteria-gold-digesting-toxic-metals.html.

3. Moser DP, et. al. “Desulfotomaculum and Methanobacterium Spp. Dominate a 4- to 5-Kilometer-Deep Fault.” American Society for Microbiology, 15 Aug. 2005, https://journals.asm.org/doi/epdf/10.1128/AEM.71.12.8773-8783.2005.

4. Michele Lent Hirsch. “How Bacteria Make This Underground, Awe-Inspiring Cave Shine Gold.” Smithsonian Magazine, 6 July 2015, https://www.smithsonianmag.com/travel/how-bacteria-make-underground-cave-shine-gold-and-why-nasa-wants-study-them-180955670/.

12 螞蟻的安居樂業 - 蟻巢裡的各種房間與生活方式

樹屋裡，阿囡正在戴著 VR 眼罩玩遊戲。阿囡用一對小觸角控制著手柄，身體搖來搖去，十分肉緊。

阿囡突然叫了一聲，正在旁邊維修儀器的陳仔嚇了一大跳。

阿囡：蝸！！！

陳仔：蝸！！！！

陳仔：阿囡！發生甚麼事？有受傷嗎？

阿囡：哥哥，蝸又 game over 了。(一對大觸角垂下來)

陳仔：這是甚麼遊戲？可以告訴哥哥嗎？

阿囡：這是個迷宮冒險遊戲，蝸要駕駛賽車，在限時內找到有寶藏的房間，但每間房間看上去都差不多……

陳仔：就是那個由螞蟻小姐的公司開發的新遊戲吧，印象中是以寫實作為賣點的。那麼，我們就去探望螞蟻小姐吧！

陳仔把潛地艇調較成四驅車模式，在導航顯示了螞蟻小姐的家所在的地圖，再幫阿囡戴上安全帶。

陳仔：阿囡，抓緊了，出發！

四驅車在地下迷宮裡飛馳，陳仔一直在留意不能太快，而阿囡則發現這段路跟遊戲裡的一模一樣呢。

陳仔把四驅車停在一排門前，大小二蝸一同下車。

陳仔：現在來玩實體版找寶藏吧！

蝸蟻小姐正在開發新遊戲。

阿囡用大觸角輕輕敲門，來應門的是螞蟻小姐。
螞蟻小姐：你們來了！歡迎！阿囡，謝謝你喜歡我們的遊戲！陳仔跟我說了，你就放心到處參觀吧！不過要先提醒你，門後面可是甚麼都有啊。
阿囡是有一點害怕，但有哥哥在一起，就要勇敢點。
陳仔、阿囡：出發！！！

◆

人類的俗語說「安居樂業」，先有安居，才能樂業，可見住屋對人類的生活有多重要。在自然界裡當然也是一樣，特別是身型細小的昆蟲，不但需要地方躲避捕獵者，還要滿足各種生活需要。對只有個體時很脆弱的牠們來說，如果想要過「舒適」的生活，就需要互相合作。

人類之間的合作可以靠語言溝通，可以傳閱畫有建築物設計的藍圖，可以通過會議協調進度，但至今為止還未發現昆蟲之間有類似人類的「語言」，卻能完成相對於牠們的身型而言，大規模的建築和合作生活方式。

由信息素建構的建築藍圖

黑褐毛山蟻一般會在草地築巢，形狀是一個約10厘米乘10厘米的不規則球體，一半在地面，一半在地下，藏在草叢中。這種蟻的群體是由一隻蟻后開始的，一隻雌性離開原本生活的群體，飛到新地方，脫掉翅膀，成為新群體的蟻后。蟻后會盡快找一處濕潤的泥土，挖掘隧道，鑽進去後就會把入口封起來，躲在裡面開始產卵。蟻后接著會從隧道延伸挖出一個房間，搬到裡面產卵和餵養幼蟻，蟻巢之後會以這房間為中心延伸開去。隨著誕生的工蟻數量增加，房間的數量也會增加，有些用來存放食物，有些用來做育嬰室，有些用來做工蟻的休息室等。

科學家的研究發現，這種蟻的工蟻會在挖掘隧道時，把挖出來的泥土堆在地面上的隧道口旁，並分泌一種稱為「信息素」的化學物質，吸引其他挖掘隧道的工蟻在同一個地方繼續挖，就不會形成一堆雜亂的隧道。另一方面，工蟻不會只是一直向下挖，當牠們挖到差不多有自己身長的深度時，就會把通往地面的隧道口封起來，由原本的垂直向下挖改為橫向挖掘，把自己挖的部分與其他隧道和房間連接，成蟻巢結構的一部分。

工蟻分泌的信息素會隨著時間過去漸漸分解，或被風吹散，其他工蟻就漸漸不會到那裡挖掘了。例如，當天氣比較乾燥的時候，對需要保持濕潤的蟻巢來說不適合擴充，而信息素在乾燥的環境下會減少得比較快，工蟻就會減少挖掘隧道，改為擴建房間，同時把水分保留在蟻巢裡。相反，在天氣比較潮濕的時候，信息素停留的時間會較長，工蟻就會增加挖掘隧道，為蟻巢通風。科學家認為，只需依靠信息素及簡單的行為模式，工蟻就能在不需要直接接觸的情況下，協調多個個體的行動。

黑褐毛山蟻

世代相傳的真菌農場

人類在約 12000 年前，開始由狩獵採集的生活方式，改為安定下來耕種。人類選擇需要的植物品種在農地種植，把產出更大更甜的果實、更多的稻穗、更強韌的纖維等的植物株挑選來培育，成為人類社會發展的基礎。然而，科學家發現，種植對自身有用的農作物，不是人類獨有的行為，遠在 3500 萬年前，地球上已有其他生物在「耕種」了。

切葉蟻家族成員主要生活在熱帶地區，蟻如其名，會把樹葉切下來運回蟻巢，但不是用來直接吃，而是用來給真菌「吃」。在切葉蟻的地下蟻巢裡，有很多房間是用作「耕種」真菌的。一個切葉蟻群體中的工蟻會把樹葉切割成可以進入蟻巢的大小，在運送到耕種用的房間後，由體型更小的工蟻用來做養植真菌的材料。切葉蟻的蟻巢可以延伸至數十米闊，其耕種規模之大，可以養活數百萬隻切葉蟻。科學家的研究發現，每種切葉蟻都有自己獨特的真菌品種，當一隻雌性切葉蟻要離開原來的群體去建立新的群體，就會帶走一片附著真菌的樹葉，作為新群體的真菌「種子」。

科學家相信，切葉蟻的祖先居住在雨林裡，因為 3500 萬年前全球氣溫下降，令切葉蟻開始遷移到地下，較乾燥但較溫暖的環境裡。切葉蟻把樹葉帶入地底，同時也把生長在樹葉上的真菌帶入地底。在與外界環境隔開的蟻巢裡，切葉蟻像人類一樣一代一代地種植真菌，使種植的真菌適應了蟻巢裡的環境，外面的真菌則不能在蟻巢裡生長，令牠們的「農作物」不會受外來真菌的污染。

據說小蟻（工蟻）職責是趕走擬寄生性的蚤蠅——這種蚤蠅會攻擊一般工蟻，並將卵產於其身上。

活的養分儲存罐

科學家已發現約 30 種**蜜罐蟻**，牠們生活在世界各個大洲上(除了南極洲)，由半乾旱至乾旱地區，這些地區的蟻只能在有雨水的時候採集到食物，所以需要儲存「養分」的方法。在蜜罐蟻的蟻巢裡，有些房間是用來儲存「養分」，但不是直接存放食物，而是存放活的「蜜罐」。

在一個蜜罐蟻的群體裡，除了蟻后和工蟻，還有一個階級稱為「貯蜜蟻」，牠們約佔一個群體裡的20%至50%，牠們不用外出或工作，只是負責吃和靜靜地待著。工蟻會「口對口」地，以反芻的方式把自己吃下去的食物餵給貯蜜蟻，貯蜜蟻得到的額外養分會儲存在腹部，一隻只有數毫米大的貯蜜蟻的腹部可以脹至一顆葡萄的大小，撐得褐色的外殼在片與片之間被撐開，有一定彈性的連結薄膜像被吹脹的透明氣球，可以看到腹部裡液體的顏色。由於貯蜜蟻儲存養分後腹部太大，進不了地下蟻巢裡的通道，只能留在特地為牠們準備的房間中，用腳抓著房間頂部，倒掉著身體。這個姿勢相信也有助空氣流通，減少受真菌感染的機會。

在雨水充足時，蜜罐蟻的工蟻會出外收集各種食物，例如提供糖分的花蜜、提供蛋白質的昆蟲屍體等。牠們會把食物分類給不同的貯蜜蟻個體吃，腹部較為深褐色的液體糖分較高、水分較少；較為淺色的液體則水分較高、糖分較少；還有一些是乳白色的液體含較高蛋白質等。到乾旱的時候，就輪到貯蜜蟻反芻養分給工蟻，工蟻也可以此餵養蟻后和幼蟻。

雖然是三個不同品種的螞蟻，但牠們的群體都有著明確的分工，每個個體都負責看似很小的部分，結合起來就是能「安居樂業」的家。科學家到現在還不知道螞蟻有沒有「語言」或「合作」的概念，但透過研究蟻群的行為，可以為如何以簡單的指令，控制群體的複雜行動帶來線索。

蜜罐蟻的生存本領。

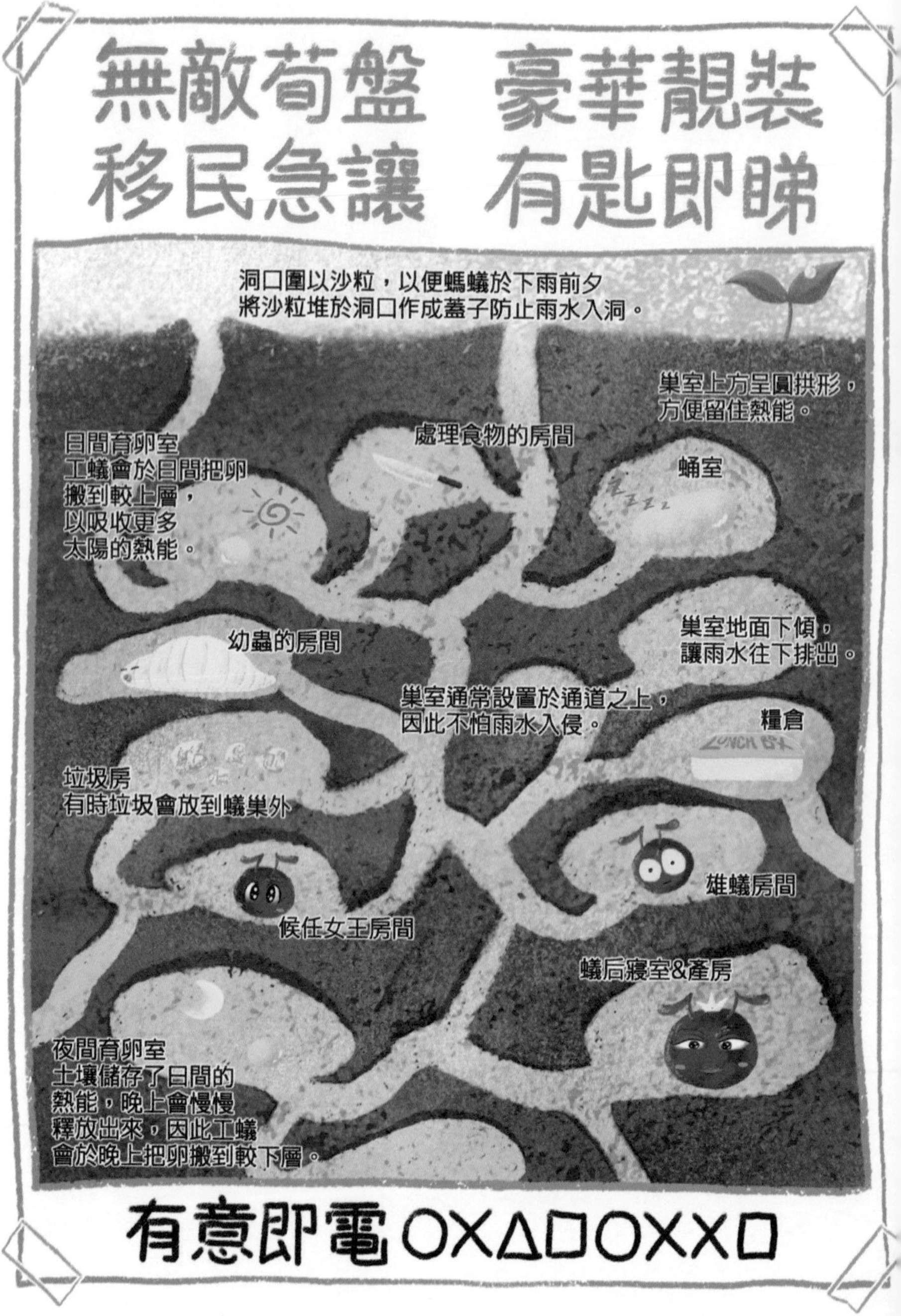

無敵荀盤　豪華靚裝
移民急讓　有匙即睇

洞口圍以沙粒，以便螞蟻於下雨前夕
將沙粒堆於洞口作成蓋子防止雨水入洞。

巢室上方呈圓拱形，
方便留住熱能。

處理食物的房間

日間育卵室
工蟻會於日間把卵
搬到較上層，
以吸收更多
太陽的熱能。

蛹室

巢室地面下傾，
讓雨水往下排出。

幼蟲的房間

巢室通常設置於通道之上，
因此不怕雨水入侵。

糧倉

LUNCH

垃圾房
有時垃圾會放到蟻巢外

雄蟻房間

候任女王房間

蟻后寢室&產房

夜間育卵室
土壤儲存了日間的
熱能，晚上會慢慢
釋放出來，因此工蟻
會於晚上把卵搬到較下層。

有意即電 OXΔ□OXXO

參考資料：

1. How it works team. “Ant Architects: How Do Ants Construct Their Nests?” How It Works Daily, 22 Jan. 2016, https://www.howitworksdaily.com/ant-architects-how-do-ants-construct-their-nests/.

2. CNRS. “How Ants Self-Organize to Build Their Nests.” Science Daily, 18 Jan. 2010, https://www.sciencedaily.com/releaes/2016/01/160118184948.htm.

3. Brian Handwerk. “How Ants Became the World’s Best Fungus Farmers.” Smithsonian Magazine, 12 Apr. 2017, https://www.smithsonianmag.com/science-nature/how-ants-became-worlds-best-fungus-farmers-180962871/.

4. “Honeypot Ants Turn Their Biggest Sisters into Jugs of Nectar.” Deep Look, 5 Apr. 2022, https://www.youtube.com/watch?v=Rid_YW3P8CA&t=3s.

13 被冰封的微笑－保存在永久凍土裡的猛獁象

要探索寒冷的地方，少不得預備頸巾與冷帽。

樹屋裡，陳仔用一對小觸角快速編織著粉紅色的毛冷，阿囡從陳仔的殼後探頭出來。
阿囡：哥哥，原來你懂得編織啊！
陳仔：阿囡你來了，過來試試這個。
陳仔把剛織好的粉紅色頸巾掛在阿囡身上。
陳仔：阿囡，再戴上這個。
陳仔把一頂冷帽套在阿囡的殼上，剛好把整個殼包住。
陳仔：我們今天要去很寒冷的地方，要做好準備。
陳仔邊說邊戴上自己的頸巾和冷帽，是淺藍色的，跟阿囡的襯成一套，陳仔很是滿意。

潛地艇從一堆積雪中鑽出來，阿囡從潛地艇的窗向外望。
阿囡：蝸！！！
陳仔知道這是阿囡第一次親跟看到雪，按下控制台上一個畫上直昇機圖案的按鈕。潛地艇的頭部立即伸出一對螺旋槳，隨著螺旋槳轉動，潛地艇的頭部脫離機身，升上半空。
阿囡興奮得在潛地艇的頭內跳來跳去，陳仔則拿起相機，把一條凍結了的河附近的地貌拍下來。

如果要列舉一些已絕種的生物，大家應該可以立即說出很多不同種類恐龍的名字，但是，還有不少已絕種的生物，牠們甚至曾經和人類同時在地球上存在過，而且牠們的滅絕很可能與人類有關，例如真猛獁象。

真猛獁象是猛獁象家族的一個分支，猛獁象最早出現在 500 萬年前，起源於非洲，在更新世 (約 260 萬年前至約 12000 年前) 早期分佈至歐洲、亞洲和北美洲的北部，演化出長毛和厚厚的皮下脂肪來適應生存環境。真猛獁象最早出現在 40 萬年前的歐亞大陸北部，到更新世晚期漸漸消失，最後一批真猛獁象生活在北冰洋的小島上，約在 3700 年前滅絕 (那時埃及人正在興建金字塔)。

考古學家在研究古代人類遺跡時，在 180 萬年前至 10000 年前之間，發現人類會捕獵猛獁象作食物，也會用牠們的獠牙和骨頭製成各種工具和藝術品。所以，一直以來都有科學家認為人類過度捕獵以至猛獁象絕種，也有科學家認為猛獁象是因為適應不了氣候回暖而滅絕，可是到現在還未有確切的答案。科學家認為真猛獁象因為更新世晚期氣候回暖，令牠們棲身的冰川縮小並數目大減，其後出現的人類對牠們大量獵殺，最終滅絕。

在這裡為大家講述一個埋在凍土之下，關於真猛獁象的，有點刺激，又有點傷感的故事。

「真」猛獁象寶寶

2007 年 5 月，在俄羅斯西伯利亞的亞馬爾-涅涅茨區域，一名獵人與他的3個兒子途經樹林裡的尤里別伊河，當時河水已經結冰，他們在河邊發現了一隻正在「溶雪」，保存得很完整的真猛獁象寶寶。獵人們偶然會在這條河邊發現真猛獁象牙或其他身體部分的殘骸，但這麼小的真猛獁象寶寶，還要是保存得這麼完整的，就連經驗豐富的獵人都沒見過。

起初獵人不願意觸碰真猛獁象寶寶，因為他們的部族認為觸碰從大地溶雪而來的東西會帶來不幸，於是他找了一位朋友商量，然後又聯絡了當地的博物館。可是當他們再回去找的時候，真猛獁象寶寶已經不見了，相信是被人偷走了轉賣。

獵人和朋友駕駛著雪橇摩托到附近的當地人聚居地諾維港尋找，終於在一間店舖門外發現正在被展覽的真猛瑪象寶寶。原來是獵人的親戚，在知道真猛瑪象寶寶的事情和發現地點後，把真猛獁象寶寶偷走並賣給了那個店主，換了兩部雪橇摩托。

獵人和朋友立即報警，把真猛獁象寶寶要了回來，雖然右邊耳朵和尾巴相信是被野狗咬掉，但除此之外大部分保存良好，於是他們把真猛瑪象寶寶送去了俄羅斯謝曼諾夫斯基博物館。博物館為了多謝獵人，把真猛馬象寶寶的名字叫做「柳芭」(Lyuba)，引申自獵人妻子的姓氏，在俄羅斯語裡是「愛」的意思。

在博物館裡展出的真猛獁象寶寶。

被雪藏的冰河「巨」獸

真猛獁象的體型比現代大象小，一對獠牙更為彎曲，有利在凍土層中找尋食物。除了全身佈滿1米長的長毛和皮下脂肪，背部還有「駝峰」儲存脂肪，較小的耳朵能減少失去熱能等，科學家相信這些演化特徵是牠們能捱過上一個冰河期 (氣溫可降至零下 50°C) 的原因。

地球上很多寒冷的地方，例如俄羅斯的西伯利亞，近北方的地區會保持在0°C (水的冰點) 或以下，泥土裡的水分長期都在結冰的狀態。地質學家把連續凍結2年以上的泥土層稱為「多年凍土」，南極附近和青藏高原也有多年凍土。這些凍土會隨著季節變化，上半部分一般會在天氣較暖時溶化，天氣轉冷時再次結冰，而地下 30 厘米至2米的部分會一直維持結冰，因為冰一直沒有溶化，所以稱為「永久凍土」。

就像大家熟悉的化石形成過程，如果有動物死後在短時間內被掩埋，防止了被其他動物吃掉和微生物令其腐爛，就能被保存下來，如果動物屍體埋在凍土裡，就被「雪藏」起來了。不過，這些被「雪藏」的動物距離變成化石還差很遠很遠，被掩埋的生物需要經過漫長的歲月，才會完成整個有機體腐化和鑛物質填充的過程。一般來說，科學家會把經歷1萬年以上的稱為「化石」，年份較短的稱為「亞化石」。

曾經生活在西伯利亞的真猛瑪象寶寶柳芭，就是以這個方式被保存下來。

左：非洲草原象（生於現代，體長約7.5米） 右：真猛瑪象（生於40萬年前，體長約5米）

柳芭的故事

科學家從柳芭身上提取了骨頭裡的膠原蛋白和胃部裡的植物纖維，通過碳-14定年法，得知柳芭生活在41800年前。柳芭的消化道裡有乳汁的殘餘，科學家認為這代表柳芭能得到充足的營養，這些乳汁混合著小份小份的，相信是被成年真猛獁象咀嚼過的植物殘渣，科學家認為這些殘渣來自真猛獁象媽媽的糞便。現代大象也有讓幼象吃自己的糞便的習慣，讓幼象得到能消化植物纖維的微生物。

科學家研究了柳芭的身體結構，發現柳芭跟成年真猛獁象一樣有一層皮下脂肪，特別是在頸後也有一塊脂肪組織，相信是在寒冷天氣下為幼年真猛獁象保暖，有可能是只有在冬季出生的真猛獁象才有的特徵。科學家找到柳芭的1隻象牙和1隻小臼齒，切開分析橫切面，發現柳芭只有約30至35天大。

科學家為柳芭做了電腦斷層掃瞄，發現牠的呼吸道裡有黏土狀物質，相信牠是跟隨象群過河時失足被泥沼所困，掙扎後吸入泥土窒息而死，死後立即被泥土淹埋。科學家相信真猛獁象每次生產只會生1隻幼象，柳芭很可能是真猛獁象媽媽當時唯一的孩子，一直照顧得很好，可是卻因意外失去了。

環遊世界的真猛獁象

柳芭的生命完結了，卻因機緣巧合在凍土裡等待到「第二生命」。因為是難得一見的，保持得如此完整的真猛瑪象寶寶，加上沒有被壓扁得難以辨認，柳芭的表情甚至好像在微笑，名字又有「愛」的意思，所以較為大眾熟識和接受。國家地理頻道曾經拍攝了一套以柳芭為主角的紀錄片 (Waking the Baby Mammoth)，柳芭亦曾到過世界各地進行展覽，在 2012 年也來過香港展覽呢。

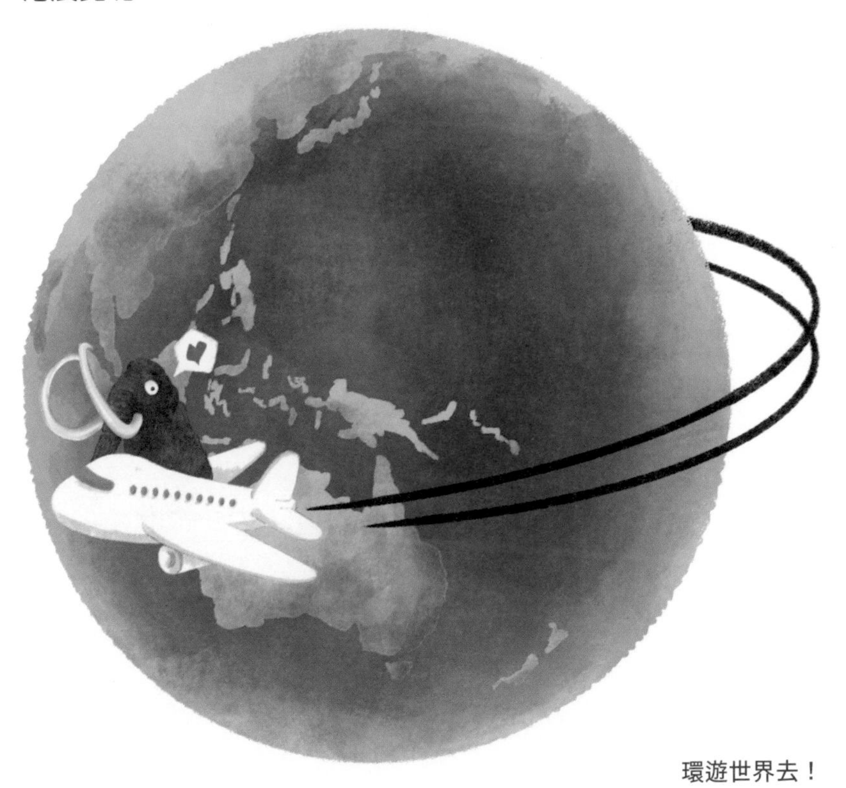

環遊世界去！

參考資料：

1. "Meet Lyuba, the World's Best Preserved Mammoth." BBC Newsround, 23 May 2014, https://www.bbc.co.uk/newsround/27520594.

2. "Mammoths and Human Society." Mammoth Genome Project, Pennsylvania State University, http://mammoth.psu.edu/society.html.

3. Fisher DC et. al. "Anatomy, Death, and Preservation of a Woolly Mammoth (Mammuthus Primigenius) Calf, Yamal Peninsula, Northwest Siberia." Quaternary International, 13 June 2011, https://pure.rug.nl/ws/files/6776236/2012QuatIntFisher.pdf.

4. "Ice Age Mammoth Lyuba to Be Displayed at Hong Kong Science Museum Starting next Monday (with Photos) ." Press Release, 10 May 2012, https://www.info.gov.hk/gia/general/201205/10P201205100368.htm.

14 來自極地的冰條 —
從地下冰芯重組地球歷史

樹屋裡，阿囡正在廚房努力著。

阿囡 (自言自語) ：紫菜上要放白飯，再放青瓜，一定要加好吃的紅蘿蔔，再捲起來。

阿囡想把壽司卷放進一個藍色的食物盒，但壽司卷太長，放不進去。阿囡正在苦惱，陳仔剛好進來廚房找東西。

陳仔：阿囡，你有見過哥哥的飯盒嗎？是藍色的，哥哥一會要出去考察，想帶些食物。

陳仔一看就知道阿囡在為自己準備飯盒，心裡很高興。

陳仔：這個要切開才放得進飯盒的，你用刀太危險了，讓哥哥來吧。

阿囡：要不哥哥整條吃吧！(鼓腮)

陳仔一邊對著砧板切壽司卷，一邊想著有甚麼能令阿囡有興趣的話題來轉移視線。

陳仔：不只是我們，在極地做研究的科學家也會遇到同樣的難題啊！

阿囡：蝸？！

陳仔因為成功引起阿囡的興趣而感到很高興，把壽司卷裝好後，在手提電腦點開了一套關於南極冰芯研究的紀錄片。

陳仔：阿囡，在哥哥回來之前，你可以看看科學家如何處理極地冰條。

說著就拿著飯盒出門了。

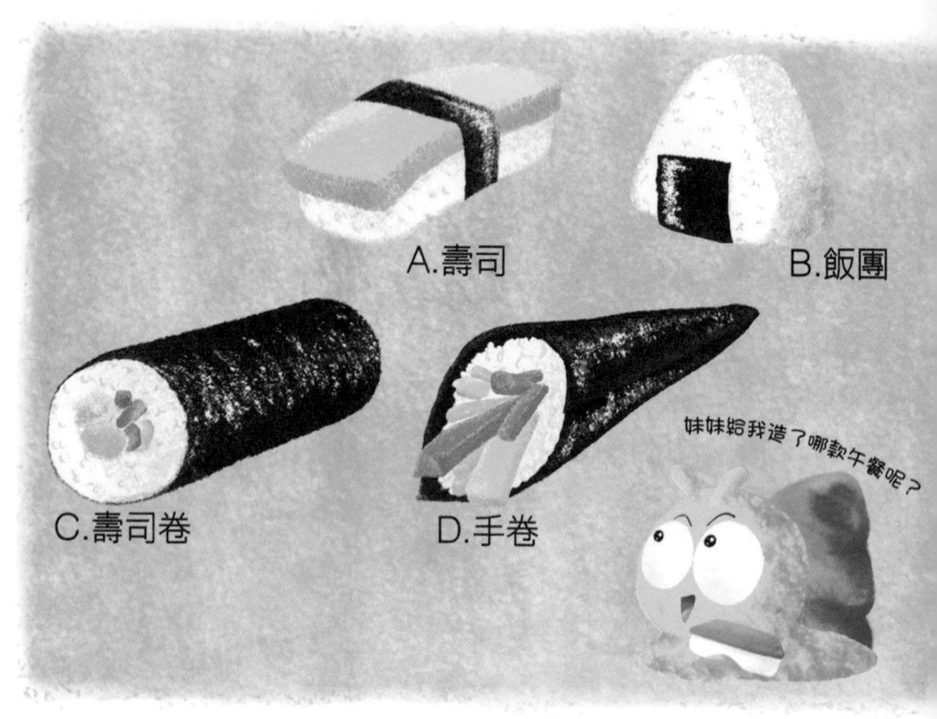

陳仔很好奇妹妹準備了甚麼午餐。

相信大家也聽過「水循環」，地球上的儲水量基本上是不變的，但會以不同的形態存在，包括固態的冰，例如陸地上的冰川、海上的浮冰；液態的水，例如河流、湖泊、海洋，或是停留在泥土裡、各種生物中；還有在吸收了來自太陽的能量後，蒸發成氣態的水蒸氣。

水蒸氣會隨著氣流上升到大氣層較高的地方，在空氣中的水蒸氣含量飽和後，會重新凝結成小水滴，以下雨的形式回到地面，重新開始循環。如果空中的溫度低於 0°C，小水滴會凝結成冰晶，成為雪花落到地上。在地球上較北和較南的地方，當地面的溫度低於 0°C，雪花就不會溶化，慢慢累積成積雪。

在北極圈、南極和其他長年結冰的地方，一整年都會下雪，每年的積雪都不會溶化，長年累月上層的雪的重量一直壓著下層的雪，形成冰層。這些冰層最深可以超過三公里，不但積累了多年來的水，還收集了結冰時那裡的空氣和其他物質，是一個自然形成的「時間囊」。

大自然的順時紀錄

科學家有時候會把冰層的形成和樹木的年輪比較：樹木的生長是由內向外，像年輪蛋糕似的一圈圈長出去，一年一圈，舊的在裡面，新的在外面；而冰層則是像千層糕，一年往上增加一層，舊的在下面，新的在上面。

關於年輪的形成，在四季溫差較明顯的地區，春天時氣溫較和暖，雨水較多，長出來的植物細胞比較大，排列較疏，所以春天生成的部分看上去會比較闊和淺色；秋天時氣溫開始轉冷和乾燥，長出來的細胞會較小，排列較密，所以秋天生成的部分看上去會比較窄和深色；一圈淺一圈深就是一年了。

極地的冰層形成的過程和年輪相似，在不同季節形成的部分有很大差別。夏天的雪花和冬天的雪花的結構是不同的，夏天的雪花形狀比較粗糙，形成的冰密度較底，也比較透光，所以形成的冰層比較厚，顏色也偏白；冬天的雪花顆粒較小和形狀較細緻，形成的冰的密度較高，比較不透光，所以形成的冰層比較薄，顏色也偏灰；一層白一層灰就是一年了。

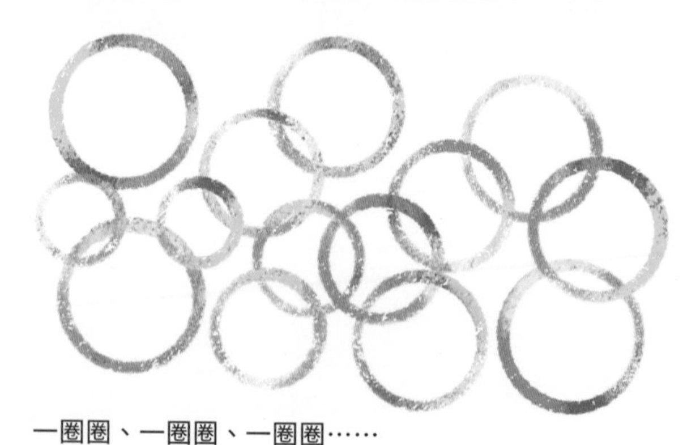

一圈圈、一圈圈、一圈圈……

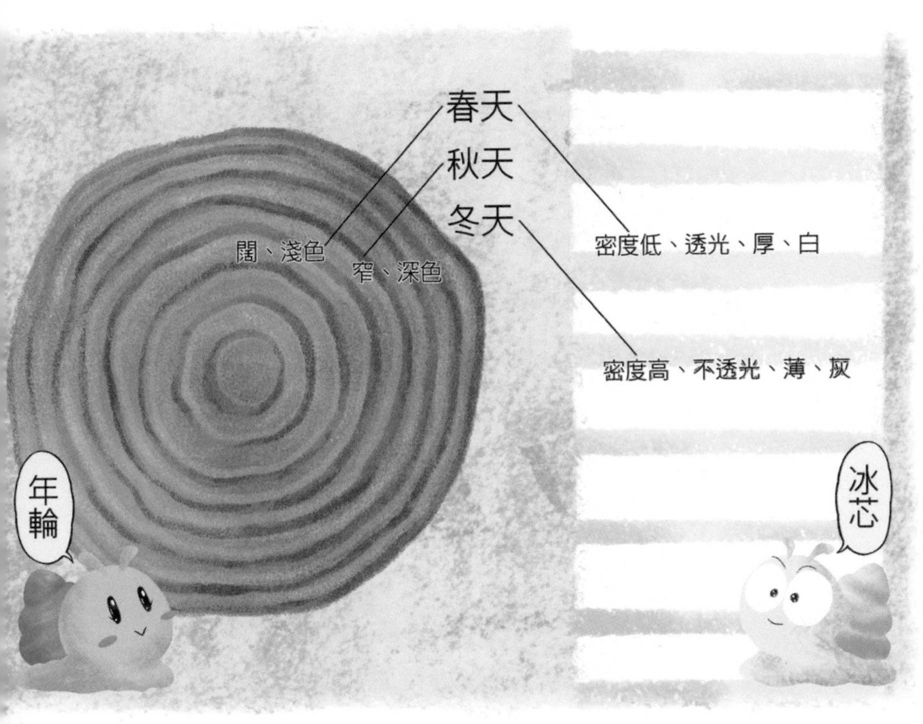

樹木的年輪與冰層的形成過程。

冰芯的鑽探、儲存和研究方法

科學家會在格陵蘭和南極洲鑽探冰芯 (圓柱體的冰條)，因為這些地方的環境比較穩定，溫度長年在零下 20°C 以下，冰層不會溶化，也很少會被人為因素打擾。這些地方的冰層很厚，科學家能鑽探到近 3 公里深。科學家已從格陵蘭鑽探到 12.3萬年前的冰層，從南極洲更已鑽探到 80 萬年前的冰層。

科學家從冰層抽取冰芯時會一節節地鑽探，約 1 至 6 米為一節，冰芯是圓柱體的，直徑約 5 至 13 厘米。科學家在收集到冰芯後，會盡快送往特定的冷藏庫進行處理，冷藏庫本身就是一個巨大的雪櫃，氣溫維持在零下 36°C。一批新的冰芯到達冷藏庫後，需要先靜置一段時間，讓冰芯的裡裡外外都達到同樣溫度，才可以放心把冰心從包裝裡拆出來分類、記錄和上架保存。一節節的冰芯會被裝進銀色的金屬圓筒，打橫擺放。

世界各地的科學家在計劃實驗時，會先選擇冰芯的來源地，和想研究的時間段，再通知冷藏庫。跟研究化石有點類似，在越久之前形成的冰層會在越深的地方，也較難獲得。當知道有科學家需要研究冰芯，冷藏庫的工作人員會把所需那節冰芯移放到維持在零下 25°C，配備空氣過濾的工作區，根據實驗要求把冰芯切割成片，再送去科學家的實驗室。到達實驗室後，科學家會進一步把冰芯切片和溶化，抽取冰芯形成時產生的氣泡裡的氣體，和其他溶左或夾雜在冰裡的物質作分析，從而得知多年來這些物質在地球上含量的變化。

保存著地球「備份」的時間囊

科學家從冰層裡可以得到很多資訊，因為科學家已經得到數十萬年前到現在形成的冰芯，所以可以從每年冰層的厚度得知長久以來的氣候變化，也可以從氣泡裡的氣體比較例如二氧化碳、甲烷等溫室氣體在大氣層中的含量變化。

雖然冰層能包裹到的只是當地的空氣和微粒，但地球的大氣層其實是一個整體，一些貌似發生在「遙遠」地方的事件所產生的物質，隨著各種氣流，會被帶到地球上的各個地方。科學家曾在冰層的氣泡裡發現過花粉、海鹽、稀有金屬元素和火山灰等。

冰層保存著形成時從全球得來的物質，雖然冰芯相對於地球很細小，但也算是當時地球環境的一份備份。我們常聽人說起人類正在進行「全球化」，其實在大自然裡，地球從來都是一體的。

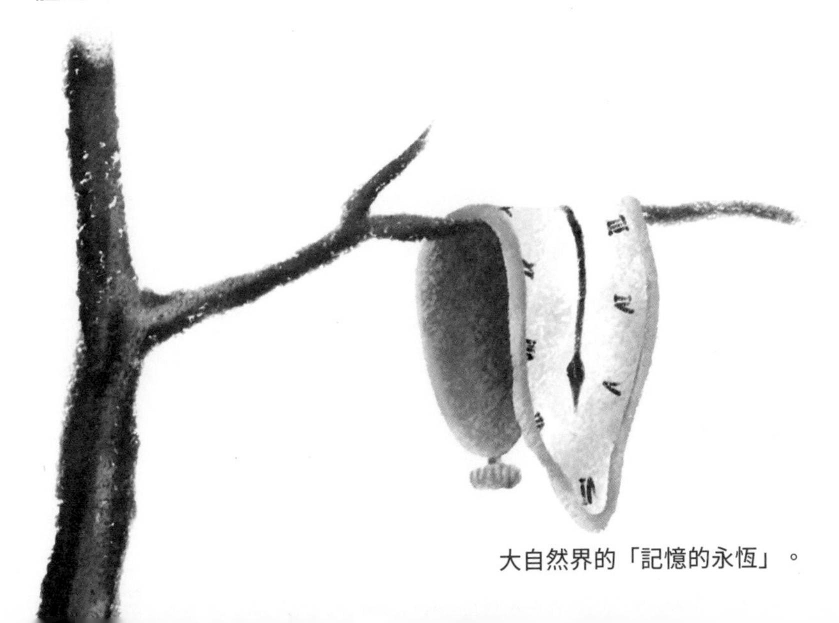

大自然界的「記憶的永恆」。

人類活動與南極冰芯研究發現對照

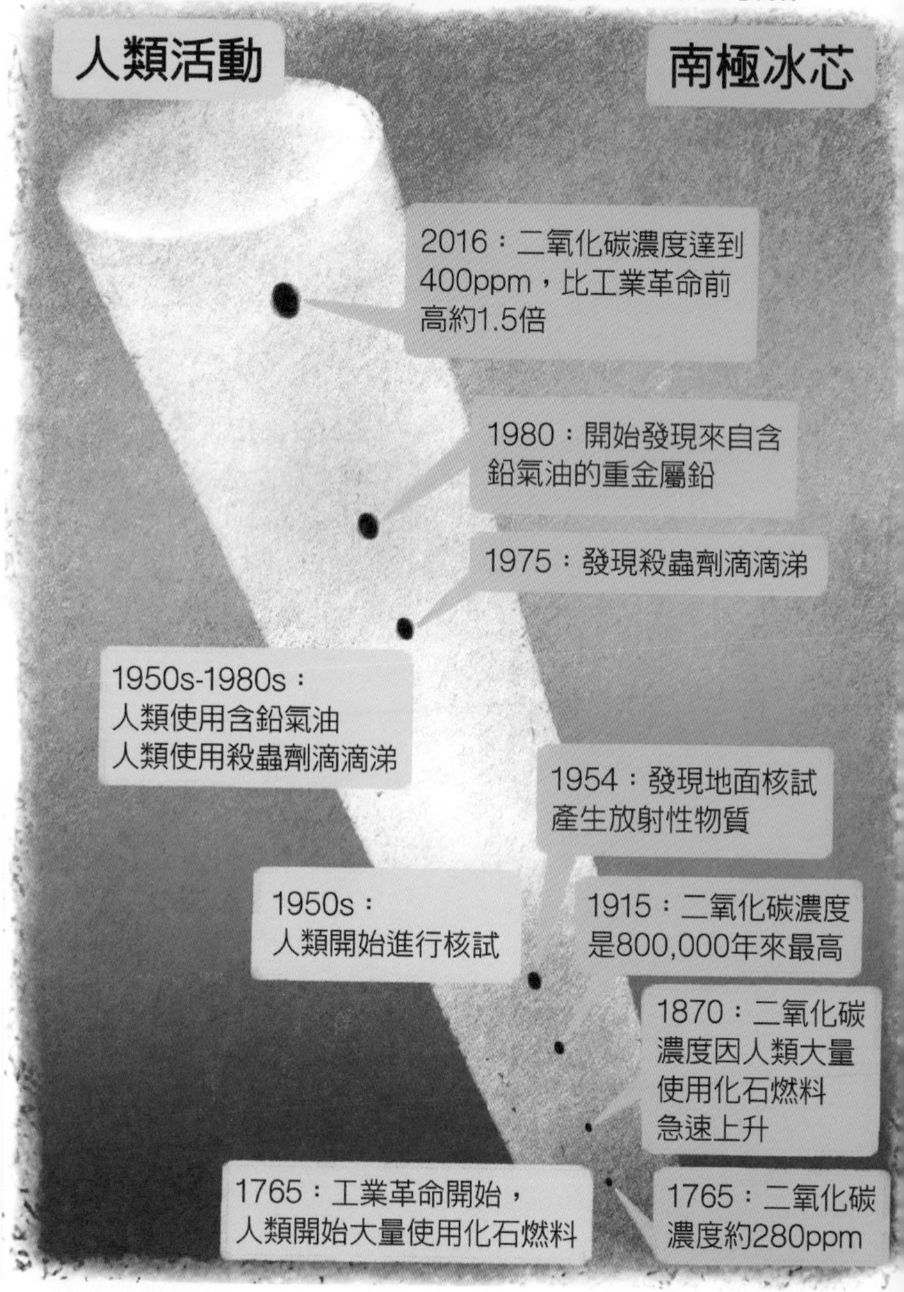

人類活動

南極冰芯

2016：二氧化碳濃度達到400ppm，比工業革命前高約1.5倍

1980：開始發現來自含鉛氣油的重金屬鉛

1975：發現殺蟲劑滴滴涕

1950s-1980s：
人類使用含鉛氣油
人類使用殺蟲劑滴滴涕

1954：發現地面核試產生放射性物質

1950s：
人類開始進行核試

1915：二氧化碳濃度是800,000年來最高

1870：二氧化碳濃度因人類大量使用化石燃料急速上升

1765：工業革命開始，人類開始大量使用化石燃料

1765：二氧化碳濃度約280ppm

參考資料：

1. “Antarctic Snows.” NASA Earth Observatory, https://earthobservatory.nasa.gov/images/6127/antarctic-snows.

2. “What Is an Ice Core?” Royal Museum Greenwich, https://www.rmg.co.uk/stories/our-ocean-our-planet/ice-cores-climate-change.

3. Thomas Bauska. “Ice Cores and Climate Change.” British Antarctic Society, 30 June 2022, https://www.bas.ac.uk/data/our-data/publication/ice-cores-and-climate-change/.

15 緩步環遊世界 -
水熊蟲的超強生命力

潛地艇裡，陳仔正在控制台調較一個新裝置，他有點緊張，同時安慰自己，已經做了很多準備工作，應該會順利的，之後就可以帶阿囡探媽媽做研究用的微生物了。

陳仔：開始縮小，一厘米，一毫米，一微米，完成！

潛地艇突然強烈震動，陳仔嚇了一跳，立即躲進殼裡保護自己。

震動過去後，陳仔探出頭來，潛地艇的電源停了，只有緊急電源的微弱光線。

陳仔內心涼了半截，心想不好了，應該是縮小裝置短路了，現在潛地艇只有一微米大，如果被拉進水珠裡，就真的出不來了！

陳仔：陳仔，你不可以放棄啊！阿囡在家等你，只剩她一個以後怎麼辦？！要加油啊！！！

正當陳仔拼命想解決方法的時候，潛地艇的窗外出現了一個大黑影。

陳仔：咦？！是一隻水熊蟲？

水熊蟲的一隻爪子抓著潛地艇艇身，在泥土中緩步前進，終於把潛地艇拉回地面，這時陳仔也剛好把電路接回來，水熊蟲卻不知道在甚麼時候已經走了。

陳仔終於可以安全回家。

陳仔：阿囡！哥哥回來了！

阿囡：哥哥！歡迎回來！

當陳仔遇上水熊蟲。

你認為世界上最「頑強」的生物是甚麼？是強壯的獅子、大象、黑猩猩？能在極地存活的北極熊？可以幫助人類渡過沙漠的「沙漠之舟」駱駝？是「春風吹又生」的雜草、「殺不死」的蟑螂，還是永遠不知道會在哪裡冒出來的真菌？

大自然中每種生物都有一定程度的「抗壓」能力，要比較哪些生物更能抵抗惡劣環境，就要看誰能捱過其他生物都會死亡的環境，而往往越「簡單」的生物的「抗壓」能力越高。這些生物大多居住在我們看不見的尺度裡。

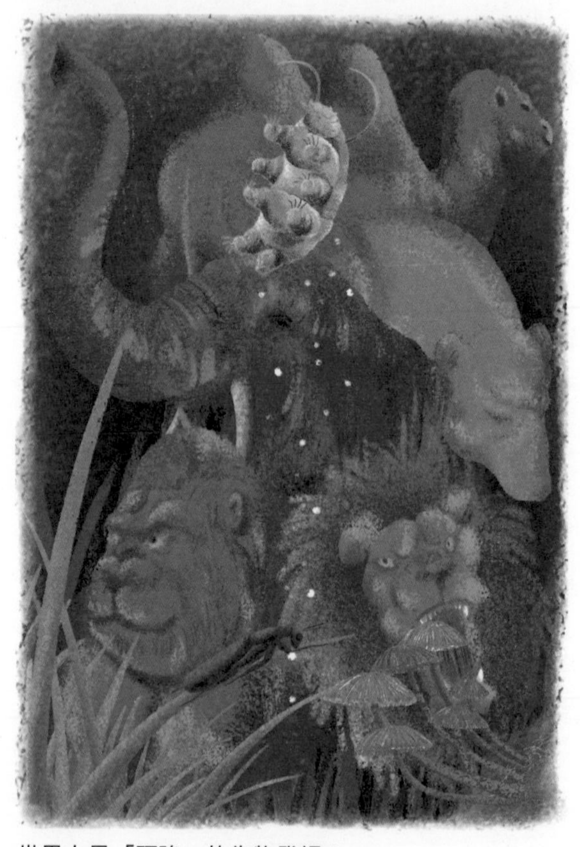

世界上最「頑強」的生物登場！

毫米級與微米級的尺度

大家有沒有想過，如果把我們縮小，世界會變成怎樣？答案：世界會變成寸步難行，危機四伏。

當我們的身體縮小到毫米級別 (1000毫米 = 1米)，例如一般在廚房看到的小黑蟻身長約是 2 至 3 毫米)，就連一顆水滴都能致命。由於水分子之間互相吸引，產生了表面張力，水滴就像被一層皮膚包裹著，形成球形水珠，落在平面上會是半個球體。我們只要一碰到水珠，水的表面張力就會把我們拉進去，要出來就要有比表面張力更大的力量，或是表面張力被破壞 (例如沾上肥皂水)，才有一線生機。

所以，大自然中毫米級別的小生物，例如螞蟻、甲蟲之類的小昆蟲，身體表面都有一層質地像蠟的角質層，可以防止水分子直接接觸外殼，減少表面張力的影響，加上外殼上長有細小的絨毛，可以抓著一層薄薄的空氣，即使被拉進水珠裡還能支撐一段時間，就有逃出去的可能。如果是縮小的人類，就真的沒希望了。

當我們的身體縮小到微米級別 (1,000,000微米 = 1米，例如一般細菌的長度約是 1 微米)，不只是水，就連空氣也像凝膠一般，不少微生物都放棄了自主移動，改為依附在食物或其他物體表面。至於有能力移動的細菌，則演化出特別的身體結構，例如大腸杆菌的細胞表面長有鞭毛，主要成份是纖維，配上一個由多種蛋白質組成的螺旋「引擎」，這樣的結構能夠達到每秒2萬次的轉速　(達到一級方程式賽車的引擎轉速)，產生能在「寸步難行」的環境中前進的動力。

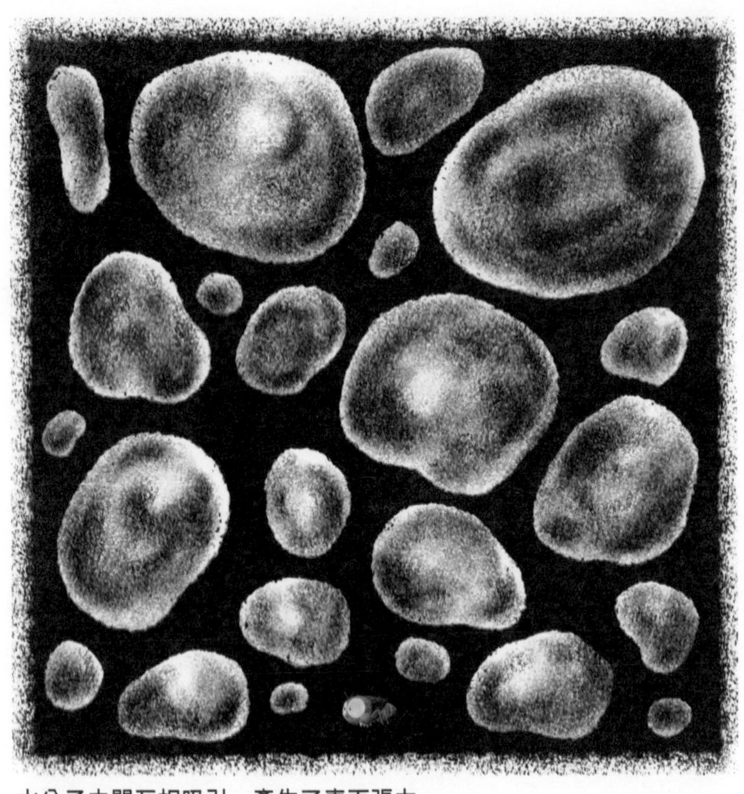

水分子之間互相吸引，產生了表面張力。

不過，在這樣的世界裡，有一種生物仍然邁著「緩慢」的步伐前行，牠就是屬於緩步動物家族的水熊蟲。

水熊蟲的微觀世界

水熊蟲體型細小，由最小的品種的身長約 100 微米，到最大的品種的身長約 1.5 毫米。水熊蟲的身體由5節組成，第1節是頭部，有嘴巴，卻沒耳朵和眼睛；其餘4節是身體，每節身體有1對腳，每隻腳上都長有爪。這個描述好像有點嚇人，但在顯微鏡下水熊蟲的樣子就有點可愛，胖嘟嘟、圓滾滾、腳短短的在水裡划著，有時還會像抱著抱枕般摟著自己的食物(例如比牠們的身型大很多的線蟲)，怪不得會被稱作「熊」(水熊蟲的英文名正是 water bear，但筆者覺得水熊蟲比較像小熊軟糖 gummy bear)。

在水熊蟲的尺度，牠就像生活在「杰撻撻」的果凍中，即使看似很努力地划著，好像也划不了多遠。科學家曾經量度過水熊蟲的移動速度，當水熊蟲在一個柔軟的表面爬行，在顯微鏡下可以看到水熊蟲的腳不是全部向同一方向撥的，而是每隻腳都可以獨立活動，行走方式比較像沒有翅膀的昆蟲 (試想像螞蟻爬行的樣子)。實驗的計算結果是，水熊蟲在步行時的速度是每秒走自己身長一半的距離，在急速行走時速度可達到每秒走自己身長的兩倍距離，在數字上看好像不怎麼樣，但試想像是你在擠迫的車廂內行走，就能明白這算是挺快的了。

水熊蟲的「隱生」術

科學家至今已發現約1000種水熊蟲，牠們幾乎無處不在，由深海至高山，在水裡、植物上、泥土下，甚至在沙漠的沙丘裡也能找到牠們。不過，這不是指所有的水熊蟲品種都能在這些環境存活下來，而是不同品種能「捱過」不同的惡劣環境，在回到「正常」環境後能「復活」。在這些惡劣環境中，水熊蟲是不活躍的，牠們會進入一個稱為「隱生」的狀態，也不是每一隻水熊蟲個體都能活過來。科學家稱這種狀態為「酒桶」(英文名稱tun)，水熊蟲會把自己的身體捲起來，把頭部和八隻腳都收在裡面，把自己的含水量降至1%(水熊蟲的含水量和人類一樣，約60%至80%)，新陳代謝率降至原來的1/10000，可以不吃不喝超過30年。

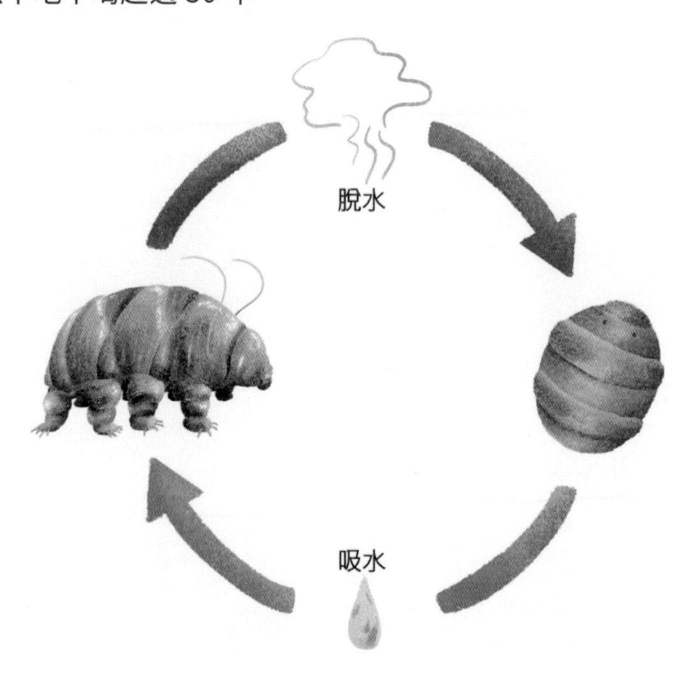

跟地球上其他生物一樣，水熊蟲也是需要水才能生存的。大部分水熊蟲生存在地衣或苔蘚表面的一層薄薄的水中，或是泥土和腐植質的水分中。由於這些水分量很少，很容易乾透，所以水熊蟲很常遇到脫水的情況，也演化出一套獨特的生存方式。

在脫水成「酒桶」的過程中，水熊蟲會製造一種特別的蛋白質，有別於一般蛋白質有特定結構來進行特定功能，這些蛋白質沒有特定形態，就像用來包裝易碎物品的泡泡紙，可以配合水熊蟲細胞內的細微結構的形狀把細胞填充起來，還可以保護細胞核內的遺傳物質。這種蛋白質可以溶於水，在從「酒桶」復甦的過程中，水分也不會突然湧進細胞破壞細胞結構。

在實驗中，水熊蟲在缺水、低溫和在濃鹽水中都會變成「酒桶」形態。某些品種的水熊蟲特別「捱得」，在水的沸點之上 (151°C) 或接近絕對零度 (零下 272°C) 中，仍可在「捱過」數分鐘後，回到合適的環境時重新活動。持續的研究讓水熊蟲繼續刷新紀錄，由真空至 1200 倍大氣壓力、比人類致死劑量強 800 倍的伽瑪射線，甚至被送上太空，在微重力和宇宙輻射下都能存活下來。

科學家甚至相信，以水熊蟲的頑強生命力，如果哪天地球遇上大滅絕級別的天文物理事件，例如巨型隕石撞擊或被天體產生的伽瑪射線暴擊中，水熊蟲都能以隱生的方式存活下來，等待地球的環境再度適合生存，可以復活的一天。

參考資料：

1. Nadja Møbjerg, and Ricardo Cardoso Neves. "New Insights into Survival Strategies of Tardigrades." Comparative Biochemistry and Physiology Part A: Molecular & Integrative Physiology, Apr. 2021,
https://www.sciencedirect.com/science/article/pii/S1095643320302439.

2. News Staff. "Tardigrades Walk in Manner Most Closely Resembling That of Insects, New Study Shows." Science News, 30 Aug. 2021,
https://www.sci.news/biology/tardigrade-walking-10010.html.

3. Thomas Boothby. "Meet the Tardigrade, the Toughest Animal on Earth." TED-Ed,
https://www.ted.com/talks/thomas_boothby_meet_the_tardigrade_the_toughest_animal_on_earth?subtitle=en.

16 慢活「鼠」生 - 裸鼴鼠的長壽秘密

樹屋裡，阿囡正在邊吃邊看雜誌。
陳仔走過去看看是甚麼讓阿囡看得這麼入神，原來是本美容雜誌。

陳仔：蝸們阿囡長大了，開始注意打扮了嗎？
阿囡：不是蝸啊，哥哥，你看。
阿囡用觸角點了點雜誌上的廣告，是關於蝸牛黏液的去皺效果。

阿囡：皺紋是不好的東西嗎？蝸要不要儲多一些黏液給媽媽以後用？
陳仔：阿囡，媽媽是人類，隨著年齡漸長，有皺紋是正常的啊。
阿囡：...... (若有所思)
陳仔：剛好蝸要去朋友家辦一點事情，你陪哥哥去好嗎？

陳仔和阿囡乘坐潛地艇進入了一個地底隧道系統，前方走來一隻全身長滿皺紋的裸鼴鼠。
裸鼴鼠：陳仔，你終於來了！
陳仔：讓你久候了。
陳仔從背包裡拿出一條很長很長的棕色頸巾。
裸鼴鼠：太好了，夠我們一家一起用！

阿囡發現，裸鼴鼠一家大小的身體都長滿皺紋，雖然好像不太好看，但能夠一家大小窩在一起，很幸福呢。
回家路上，陳仔和阿囡互相碰著對方的小觸角，地球上的生命都很短暫，能夠和家人在一起才是最重要的。

地球上有不少生物是成群生活的，群體裡的個體都有一定親屬關係，由最強壯的個體帶領，首領會得到更多食物和交配機會，同時也有保護群體和領地的責任，稱為「社會性生物」。例如哺乳類中的獅子、猴子、大猩猩等，可以同時由多個家庭組成，人類早期的部落社會也是以類似的形式組成。

而昆蟲界的蜜蜂和螞蟻，則由唯一有生育能力的后、少量雄性，和大量負責工作的雌性組成，這個特定的階級劃分被稱為「真社會性」。

裸鼴鼠一家對陳仔和阿囡的禮物非常滿意。

裸鼴鼠的真社會性生活

裸鼴鼠是少有的「真社會性」哺乳類，跟其他真社會性生物比較，例如一般來說一個蟻巢或蜂巢有數萬隻個體一起生活，每個巢穴的裸鼴鼠數目就很少，約只有 20 至 300 隻，平均約 70 隻左右。裸鼴鼠主要生活在非洲東部的半乾旱地區，每個巢穴結構不一，由工作裸鼴鼠挖掘地洞，這些地洞縱橫交錯，結構不一，總長約 3 至 5 公里。

一個群體中體型最大的是鼠后，鼠后尿液中的外激素會令負責工作的雌性裸鼴鼠的生殖器官發育不全，到鼠后死亡，就會有其中之一的雌性工作鼠的生殖器官重新發育，成為下一代鼠后。雄性裸鼴鼠中只有少數負責與鼠后傳宗接代，其餘的雌性和雄性都是工作鼠 (這與螞蟻等真社會性昆蟲不同)，體型較大的負責保護巢穴，體型較小的負責找食物、照顧幼鼠和挖洞來擴闊巢穴等。

鼠后的后冠？

裸鼴鼠的地底生存之道

「裸」鼴鼠並不是完全沒有毛髮的，只是數量很少和只集中在身體某些部位。裸鼴鼠一生都在地底生活，所以比起視覺，牠們更加依賴嗅覺和其他感觀。裸鼴鼠的面部有類似貓的鬍鬚，可以在黑暗中保持靈敏，牠們的尾巴也有鬍鬚，兩者結合起來，在又窄又長的隧道中活動時就可以來個「瞻前顧後」。

裸鼴鼠的腳趾之間也長有毛髮，當要擴建巢穴時，牠們主要是靠上下兩對細長的門牙來挖鬆前方的泥土，再用腳把泥土撥向後方，長有毛的腳可以像掃把一樣使用。裸鼴鼠挖隧道時是多隻合作的，頭接尾、尾接頭地排成一排，體型大的排在前面，把泥土往後撥，一隻接著一隻，直到把泥土撥出地面，形成小山丘。

不過，沒有覆蓋身體的毛髮，還是會為哺乳類動物帶來保暖問題。一般哺乳類動物是恆溫動物，代表身體會產生熱能來維持身體機能，毛髮的其中一種作用是防止熱能從皮膚散失，減少身體需要產生的熱能，沒有毛皮的恆溫動物會不斷浪費熱能。

裸鼴鼠雖然是哺乳類，但不算是恆溫動物，牠們會產生熱能，但新陳代謝率不足以維持穩定的體溫，所以牠們會聚在一起互相取暖。裸鼴鼠在地底生活，維持低新陳代謝率並不是壞事，因為地底無論是溫度還是含氧量都比地面低，勉強維持高新陳代謝率只會浪費熱能，加重身體負擔。

另一方面，科學家發現裸鼴鼠的皮膚痛覺不完全，例如對酸性物質不會產生痛覺，科學家認為這也和牠們的生存環境有關。雖然是裸鼴鼠挖的隧道，但還是會有其他生物使用，例如隧道可能會成為螞蟻的通道，兩者相遇時螞蟻可能會咬裸鼴鼠。螞蟻的分泌物中含有蟻酸，能引起痛楚，但實驗中裸鼴鼠的痛覺神經對蟻酸沒有反應，即使是被螞蟻咬了也不會覺得痛，雙方就比較能「和平」共處了。

我很醜，但我很長壽
·身長約十厘米
·皮膚痛感不完全，
尤其對蟻酸引起的痛楚
·可達約30歲
·手腳感覺十分敏銳
·從地底撥出土壤時，
土壤有如火山爆發般「噴射」出地面
·鬍鬚十分靈敏
·牙齒一星期可長5毫米
·感覺十分敏銳
·能發出17種鳴叫聲溝通
·在空氣稀薄的環境下能進入假死狀態
·缺氧狀態下仍能生存18分鐘

裸鼴鼠的細胞保養術

跟人類不同，年老的裸鼴鼠雖然也有肌肉萎縮和長出黃斑等衰老徵狀，但沒有生長腫瘤或患上癌症的徵象。裸鼴鼠一生中至少有 80% 的時間跟年輕裸鼴鼠一樣有活力，而且還能生育，死亡率也跟年輕時相若。科學家一般會以鼠類的體型來估計牠們的壽命，以這個計算方法，裸鼴鼠大概只能活到 6 歲。裸鼴鼠的壽命在鼠類當中卻是最長的，記錄大多由 10 歲至30 歲，最長壽的紀錄是 37 歲 (被人工飼養)。

多細胞生物的生命有限，其中一個原因是細胞不能無限量分裂。細胞分裂由複製細胞核內的遺傳物質 DNA 開始，但當 DNA 被不斷「抄寫」，每一代都可能「抄錯」，科學家稱為「突變」。當突變累積到一定程度，新產生的細胞就不能繼續它應有的功能，甚至有機會演變成複製機制失控，會搶奪正常細胞的資源的癌細胞。

不同品種生物的細胞有不同控制細胞分裂的機制，其中一個是在染色體末端稱為端粒的部分，這部分就像一個計時器，每次複製都會掉落一點，同時細胞裡也有機制修復端粒，在兩者的平衡下，每種細胞都有特定壽命。科學家發現裸鼴鼠染色體的端粒部分雖然比較短，但修復機制很活躍，所以裸鼴鼠細胞的壽命較長。裸鼴鼠還有一個機制防止癌細胞形成腫瘤，牠們有多於一個基因防止細胞分裂後擠在一起，細胞不能擠在一起就不能形成病變腫瘤了。

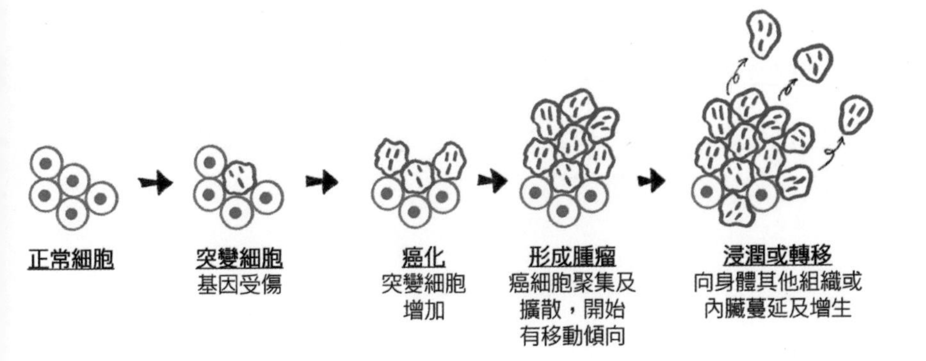

　　裸鼴鼠的低新陳代謝率，令牠們的細胞在能產生足夠維生的能量之餘，比其他生物的細胞產生較少會破壞細胞結構的游離基。裸鼴鼠的細胞同時也有較好的，修復被游離基破壞的蛋白質的機制，令細胞比較「耐用」，較難轉變成病變細胞，能夠維持更長時間的健康。

動漫界的「鼠類」比你老得多。

參考資料：

1. Ewan St. John Smith, and Walid Khaled. “Secrets of Naked Mole-Rat Cancer Resistance Unearthed.” University of Cambridge, 1 July 2020, https://www.cam.ac.uk/research/news/secrets-of-naked-mole-rat-cancer-resistance-unearthed.

2. KATHERINE J. WU. “The Naked Mole-Rat Is Impervious to Certain Kinds of Pain. It’s Not Alone.” NOVA, 31 May 2019, https://www.pbs.org/wgbh/nova/article/african-mole-rat-pain-tolerance/.

3. ELIZABETH PENNISI. “How Naked Mole Rats Conquered Pain—and What It Could Mean for Us.” Science, AAAS, 11 Oct. 2016, https://www.science.org/content/article/how-naked-mole-rats-conquered-pain-and-what-it-could-mean-us.

4. Edrey YH et. al. “Successful Aging and Sustained Good Health in the Naked Mole Rat: A Long-Lived Mammalian Model for Biogerontology and Biomedical Research.” Institute for Laboratory Animal Research, 2011, https://pubmed.ncbi.nlm.nih.gov/21411857/.

第四部分 -
Helen博士的地底教室

17 進化、退化與演化

各位同學，快點回座位坐好，我們開始上課啦！今天的課題是「生物的演化」。

提起演化，Dr Helen 會立即想起查理斯．達爾文，他在1895 年出版了著名的《物種起源》，那是在距今 130 年前，當時發明家亞歷山大．格拉漢姆．貝爾才發明了有線、掛在牆上，需要用手攪動的電話沒多久 (1876年)；發明家湯瑪斯．愛迪生也才發明了鎢絲燈泡沒多久 (1878年)。當時的人傾向以宗教經典解釋地球上生命的起源，他們認為所有生物剛被創造出來已是完美，不需要改變，也不會消失。所以，當達爾文提出生物會因適應環境而產生改變，甚至有可能因適應不了而絕種，為當時的社會帶來了很大的衝擊。

達爾文從小就對地質學和生物學很有興趣，在他 22 歲從劍橋大學畢業後，就跟隨小獵犬號開始了約 5 年的航程，到達過南美洲、澳洲、新西蘭等地，得到很多特別的發現，例如在南美洲西岸的高山上發現海洋生物的化石。其中較著名的發現，是在南美洲西邊的加拉帕戈斯群島得到的，這些島嶼上的生物品種類似，但各有不同特徵。達爾文收集了十多種地雀，後世把牠們歸納為「達爾文雀」家族。不同品種地雀的食物各有不同，例如食物主要是昆蟲的地雀的喙比較尖和幼，食物主要是種子的地雀的喙比較短和粗。達爾文認為這十多種地雀有一個共同祖先，在到達不同島嶼後就著適應不同的食物種類而演化出不同形狀的喙。

《物種起源》英文原文的用詞是「evolution」，中文應譯作「演化」。那麼，我們平日聽到的「進化」和「退化」又是怎麼回事？

大家來打開課本。

在**第三部分〈陳仔與阿囡的地底探險記〉**中，兩隻小蝸牛在探險過程中遇上了很多不同的生物，牠們形態各異，也有各自的生活方式，不過牠們都有一個共通點，就是身體的特徵和行為都很配合牠們生存環境的需要，能夠「適者生存」，「適」的意思正是能適應生存環境。因為大自然中的各種資源有限，不同物種，甚至是同一個物種的個體都會爭奪有限的食物、水、安全的居地等，不夠「適」的就不能繁衍下去，最終會被同物種的其他個體取代，甚至整個物種消失 (絕種)。

在**〈09-黑暗中的幽靈公主——失去顏色的地底生物〉**中提及的墨西哥麗脂鯉，居住在地底的分支，因為長年在沒有陽光的地底生活，已經不需要眼睛，也加強了發展嗅覺來感應外在環境。如果只就「眼睛」這個器官而言，大家也許會認為是「退化」，而嗅覺則是「進化」了，但就生物的整體來說，科學家會把這些隨著適應環境而產生的變異稱為「演化」。地底的墨西哥麗脂鯉是把資源 (例如吸收到的營養) 由製造眼睛改為製造其他身體部分，同時也配合降低新陳代謝率和增加脂肪儲存。所以，與其把一堆生物特徵列出來，逐項分辨是「進」還是「退」，倒不如以生物本身作單位，描述「整體的演變」才更符合「適者生存」的描述。

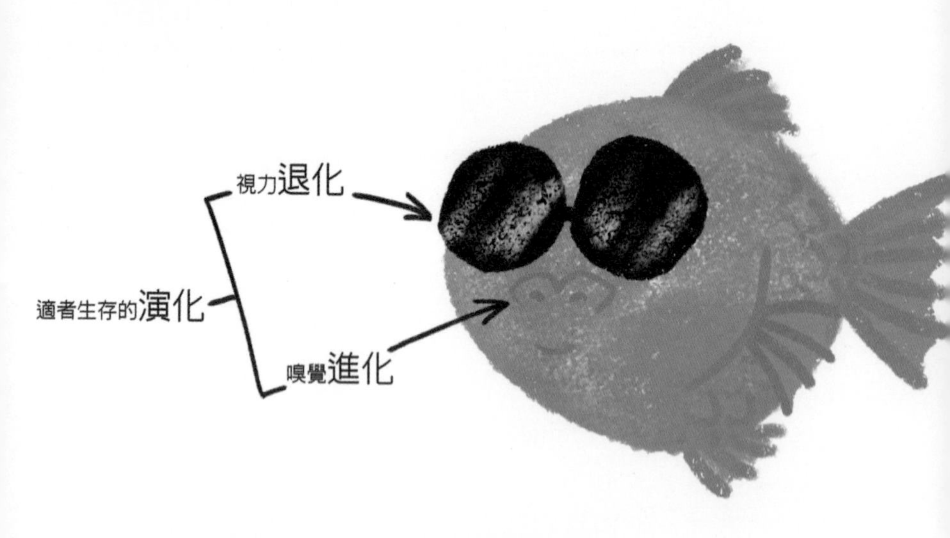

要注意的是，在一個特定環境中生存並不只有一種「標準」，在**〈08-貪睡的蟬寶寶——質數與周期蟬〉**中提及的周期蟬，科學家認為牠們是因適應冰河時期的氣溫下降，而演化成若蟲長時間留在泥土裡，但這並不是唯一的方案，沒有這樣演化的其他蟬品種還是捱過來了。然而，這樣的演化絕對不是「一勞永逸」，當環境再次變化，例如出現了專門吃泥土裡的若蟲的捕獵者，周期蟬的「優勢」可能會導致牠們滅絕。

達爾文在《物種起源》中提及，無論是多麼微小的改變，只要有足夠長的時間，也會累積成可見的變異，不過這個過程的緩慢程度，可以與地質年代的漫長相比。關於地質年代與生物演化的關係，大定可以回去溫習**第二部分**裡的**〈05-穿越時空的威化餅〉**。

各位同學，下課！

18 以英文學習生物科的秘訣

Dr. Helen 收到了一位小讀者的來信，內容是這樣的：

親愛的Dr. Helen，

我很喜歡看你做的科學電視節目，長大後想做個生物學家。爸爸媽媽說要像你一樣讀書成績好才能做科學家，但我的學校是用英文上科學課，我的英文成績不好，科學成績也不好。你可以幫幫我嗎？謝謝你。

成績不好的小粉絲敬上 (T_T)

謝謝這位小朋友的來信，從你的來信中可以看到你很苦惱，也能看出你喜歡科學，先不要灰心，學習每個科目都有秘訣，Dr. Helen 就把以英文學習生物科的一些小秘訣和你分享吧。

我們現在使用的科學用詞有不少在幾百年前已出現，當時拉丁文 (和希臘文) 才是研究和學習科學使用的語言，所以科學家在為新發現起名字的時候，會使用這兩種語言作字源。到後來英語逐漸普及，科學資料都被翻譯成英語，但還是沿用了這些科學用詞，所以就變成了科學用詞都艱深難明的錯覺。

1. 不少科學用詞可以用「拆字」的方法理解和歸納

在**〈11-地底的黃金鄉——從廢水過濾金屬的細菌〉**中提及地面上的生物可以進行光合作用，在地底下接觸不到陽光的生物可以進行化學合成作用。

光合作用的英文名稱是 photosynthesis，拆開來就是 photo + synthesis，photo 在拉丁文中是指光，synthesis 在英文是指製造，加起來就是指「以光來製造」，正好對應光合作用是植物以陽光為能量，把二氧化碳和水製成葡萄糖用作營養。

化學合成作用的英文名稱是 chemosynthesis，跟光合作用類似，拆開來就是 chemo+ synthesis，chemo 在拉丁文中是指化學，加上英文的 synthesis 就是「以化學來合成」，也對應了化學合成作用是指生物從無機物的化學反應得到能量，製造有機物用作營養。

Chemo 這個字源也在其他科學用詞中出現，例如 chemistry 是指化學這門學科、chemotherapy 是指治療癌症的化學療法等。

2. 一些看似難懂的科學用詞背後都有故事

在**〈10- 一變二、二變四？——蚯蚓分身術〉**中提及蚯蚓和蝸牛都是雌雄同體的生物，每個個體都同時有雌性和雄性的生殖器官。雌雄同體的英文名稱是 hermaphrodite，字源來自古希臘神明赫馬佛洛狄忒斯 (Hermaphroditus)。他本來是一名外貌俊美的男性，有一天在湖邊看自己的倒影，湖中的女性仙子對他一見鍾情，卻被他拒絕了，於是仙子祈求諸神把他們永遠結合在一起，成為了「雌雄同體」。

雖然這個故事不知道是喜劇還是悲劇，但能夠加深我們對這些看似「外星文」的科學用詞的印象。

古希臘神話對西方文化、藝術、文學和語言有着明顯而深遠的影響。

3. 自製口訣幫助記憶

在**〈15-緩步環遊世界——水熊蟲的超強生命力〉**中提及的厘米 centimeter、毫米 millimeter 和微米 micrometer，只看英文名稱可能會比較難理解它們之間相差多少。Centi 在拉丁文是指「百」、milli 在拉丁文是指「千」、micro 在拉丁文是指「細小」，我們該如何把它們聯想到一起？

例如**蜈蚣**的英文名稱正是 **centipede**，又稱**百**足蟲，而 **100** 厘米等於 1 米；有一種樣子跟蜈蚣很像的生物叫**千**足蟲，英文名稱是 **millipede**，而 **1,000** 毫米等於 1 米；大人們常常叫我們不要碰在地上爬的蟲，有很多細菌，細菌屬於微生物 **microorganism**，現在發現最大的細菌的長度是一般細菌的 **100 萬**倍，而 **1,000,000** 微米等於 1 米。

你也可以設計屬於自己，易記和有趣的口訣。

希望這些小秘訣可以幫助你學習，但 Dr. Helen 也想你知道，要成為科學家，成績好並不是唯一或必要，而是保持著對世界的好奇心，不停發問和思考，一步步累積知識，建構屬於自己的知識庫和思考方式。這方面 Dr. Helen 也在努力中，我們一起加油吧！

小遊戲：上圖遺漏了哪個英文字母？

19 校園科普小記者的報導

科科：　大家好！我是科科！

小普：　我是小普！

科科、小普：我們是校園科普小記者，今天來到 Dr Helen 的實驗室做採訪。

科科：　我們知道 Dr Helen 近來出版了一本關於地底世界的科普書，請問你是從哪裡得到靈感的？

Dr Helen：　這本書是《21個大探索》系列的第三本，第一本是《David博士21個宇宙大探索》，第二本是《Karen博士21個海洋大探索》，既然有了「空」和「海」，接著當然是「陸」啦。相比於我們熟悉的，又熱鬧又多姿多采的地面世界，地底世界給人的感覺比較神秘，所以我就想寫一本關於陸地和地底的科學的科普書。

小普：　你們的系列有個特別之處，是有很多又漂亮又有趣的插畫啊！

Dr Helen：　我們這個系列有蟻仔阿Sir·文浩基老師為我們畫插畫，文 Sir 是非常有經驗的插畫師，在書中加入了他的創意和補充資料，插畫不但看上去吸引，而且就科學方面是很準確的，我們希望我們的書不會像教科書般沉悶，又能讓讀者們學習到新知識。

科科：　這個系列的書名的副題是關於「自主學習」，David博士的是「貓咪也懂的STEM自主學習」，Karen博士的是龜龜，而 Helen 博士的是蝸牛，有甚麼原因有這個安排？

Dr Helen：這些小動物都是我們的小寵物，文 Sir 為我們和小寵物們都設計了 Q 版形象，我們都成為了小老師，就 21 個我們特別選出的課題與讀者們一起找答案。以這本書為例，我家兩隻小蝸牛，陳仔和阿囡，會和大家一起往地底探險，探訪各種適應了地底生活的生物，配上插圖和漫畫，就加強了故事性，也能吸引年紀比較小的小讀者們自發閱讀，也可以按自己的興趣安排進度。

科科：這本書的第一部分是以顏色為基礎描述地球的外觀，為甚麼會有這樣的想法？

Dr Helen：是這樣的，當我知道可以寫一本關於地底的科普書的時候，我一直在想應該怎樣開始這本書才有趣。真正開始寫的時候是冬天，有一天午飯過後，找了個地方晒太陽，打算取夠暖了才回實驗室。我呆呆地看著天空上難得出現的藍天白雲，想著如果飄浮在太空中看地球，也許就是這個樣子了，所以就有了第一部分以顏色來介紹地球的想法。

小普：第二部分的標題都是好吃的食物呢！

Dr Helen：第二部分是我在幻想著，從太空飄浮到降落到地球上，就變成微小的人類站在陸地上的視覺了。例如關於地球自轉的部分，我第一時間想到的是不久前玩攤位遊戲時得到的波板糖，糖果是球體的，插著一枝白色小短棒那種，但發現轉起來不方便，就幻想成用比較長的竹籤代替，用竹籤插著的球體食物當然是咖哩魚蛋啦！(笑)

科科：　第三部分佔整本書的篇幅最多，是關於陳仔和阿囡兩兄妹的地底探險，每一篇都由一個小故開始，故事裡的裝備都很有趣！

小普：　我最喜歡潛地艇！

Dr Helen：　關於兩兄妹的探險裝備，我原本的想法比較簡單，例如潛地艇只是在地底用的潛水艇，而文 Sir 就把它設計成蛄螻 (外貌有點像蟋蟀) 的形態，立即變得生動了。我也是根據這個形態繼續創作之後的故事，才有了蛄螻潛地艇在不同環境中的變身模式。故事中的陳仔除了潛地艇，還發明了很多裝備，現在先賣個關子，大家看書就知道了。(笑)

科科：　這本書還有第四部分，題材很廣泛，與地底好像沒太大關係，是想表達甚麼？

Dr Helen：　第四部分是我想對各位大小讀者們說的話，和科學是有關的。例如在這本書中很多篇文章都提及「演化」——科學家描述和解釋各種生物如何適應生存環境的學說——究竟是怎麼回事；還有我多年來的讀書心得和從事的工作內容分享，你們這篇報導也是其中之一。

科科：　來到採訪的尾聲，Dr Helen 有沒有說話想跟讀者們說？

Dr Helen：　這是一份送給喜歡科學的各位的禮物，希望小朋友們能夠對科學產生興趣，繼續探索，也希望大朋友們能夠重拾童心，重新對世界產生好奇。當然更希望大家集齊三本《21個大探索》，一起來個海陸空大冒險！

科科、小普：謝謝 Dr Helen 接受探訪！再見。

蟻仔阿Sir的創作過程。

20 成為科學傳播者

如果有人問我從事甚麼工作，比起「科學家」，我認為「科學傳播者」(Science Communicator) 是更適合的答案。跟大家熟知的「科學普及」(Popular Science，簡稱科普) 不同，科學傳播所包含的範疇更闊，不只是向公眾介紹科學的有趣之處，更重要的是成為科學「圈內」與「圈外」的橋樑。

如何介定「圈內」與「圈外」，有很多不同的定義，「圈內」大多指掌握資訊的群體，而「圈外」是資訊的受眾，所以即使同樣是從事科學研究的人，例如我是研究微生物學的，在電視節目中向大眾講解產生抗藥性細菌的科學原理，這時我就在「圈內」，看電視的大眾就在「圈外」；但當我因興趣而去聽天文學家關於地外行星 (太陽系外的行星) 研究的講座，我就成了「圈外」，去接受「圈內」的天文學家的資訊了。「圈內」與「圈外」的配對還有很多不同類型，例如老師與學生、記者與市民、政策制定者與相關持份者等。

科學已經無處不在

大家可能會認為如果不是在學校修讀理科科目，或工作不是從事科學研究，生活就與科學無關，不接收科學資訊也沒問題，但我們不能忽略的是，現在的人類社會是建基於科技發展之上的。我們日常生活的衣食住行都是科學研究的成果：各種更輕、更薄、更透氣、更暖和的布料；新品種或經改良的蔬菜瓜果、家禽家畜和更有效的保鮮方法；更環保的建築材料、建築規劃和更符合能源效益的家庭電器；各種減低碳排放的交通工具、能源和出行模式的改變等。即使你不主動去接觸科學，科學其實早已環繞著你的衣食住行，試想想突然沒有互聯網會發生甚麼，就能夠明白了。

也許大家會想科學這些專門知識交給「專家」就好，一般市民看了聽了也不懂。是的，我們的確不需要理會背後的科學原理，也能學習使用一種科技產物，例如手提電話、個人電腦等，但當下一個科技躍進出現，例如越來越能模仿人類的人工智能，同一部手提電話能做的事就完全不一樣了。本來只是用來打電話、記事、玩社交媒體、上網搜尋資料等的手提電話，變成了能夠學習適應你的作息和需要的智能助理，甚至會改變人類的生活模式。人工智能的科學背景知識的確艱深難懂，筆者也在努力學習中，但重要的是有擁抱、學習和思考的心，才能訓練出一個靈活的腦袋，不是只追著科技發展的尾巴跑。

知悉科學原理的重要性

再給大家一個例子，相信大家都知道醫生處方的抗生素是要根據指示全部吃完的，但仍然經常會遇到自以為病徵減輕了就能自行減藥或停藥的人，把他們眼中的「專家」的話也會當「耳邊風」。筆者曾經參與過有關細菌抗藥性的研究，發現沒有抗生素可以「一勞永逸」，針對每一種抗生素的抗藥性細菌幾乎一定會出現，只是時間問題，甚至會發生一種細菌「集齊」多種抗生素的抗藥性的情況，產生「超級細菌」。

產生抗藥性細菌的科學原理和生物如何演化有關 (可以參考本書**第四部分**的**〈17-進化、退化與演化〉**)。其中一種演化路徑如下：在一堆品種相同的細菌中，即使是沒有抗藥性的細菌，也會隨機地產生一些有輕微抗藥性的個體，與沒有抗藥性的個體混雜在一起，誰也沒有特別的生存優勢。如果這堆細菌接觸到抗生素，但濃度不足或時間不夠長 (對應自行減藥或停藥)，佔大部分的沒有抗藥性的個體會死亡，但混集其中的有抗藥性的個體就能生存下去，漸漸變成大多數。在這樣的環境中擁有抗藥性是明顯的生存優勢，擁有越多變異和更高抗藥性的個體就能產生更多後代。

是的，把「專家」的話也會當「耳邊風」的你，協助了產生「超級細菌」。看完這一段產生抗藥性細菌的科學原理，你還會安心地自行減藥或停藥嗎？

人與人交流的重要性

也許你會認為，現在資訊發達，各種資料都能在網上找到，就不需要有「科學傳播者」這個角色了吧。其實科學傳播的方式有很多，可以以不同形式 (文字、圖片、影片等) 在不同的媒體 (紙張、電子版本、網絡上等) 出現，也可以是讓人親身體驗，例如各種參觀、考察、動手做實驗等。近年大家都習慣了以網上媒體學習，資訊是充足，也有一定的與電腦或人的互動成份，但始終不及人與人、面對面的交流。人類本來就是群居的生物，需要與其他人交流是天性，而且新的想法和解決問題的方法往往是在思想碰撞間產生，每個參與其中的人都可以互補不足，這是隔著屏幕不可取代的。

配合各種感觀的體驗

隔著屏幕學習和交流主要依賴受限的視覺和聽覺，忽略了人類的其他感觀，例如嗅覺、觸覺、味覺等，這些都需要親身在場才能感受到。以觀星活動為例，現在有不少電腦程式能模擬天象，不但能展示距離現在數千年前和後的星空，還可以查閱相關天文資訊，對學習天文知識很有幫助，筆者也經常用來查閱資料和策劃天文活動。

然而，真正的「夜觀天象」是完全不同的體驗，星星不再是屏幕上的數據，而是天上的點點星光。你可以拿著紅光電筒，用實體的星圖，嘗試把星星連結成星座；你可以學習組裝望遠鏡，通過鏡片觀察只靠肉眼看不見的天體；你可以聞到郊外的草青味、感受到當時的季節和昆蟲的侵擾；你會體會到一眾天文愛好者在佈滿密雲的夜空中看到

裂縫時的喜悅。(如果選擇的日期不對，你還會體驗到甚麼是「月明星稀」。) 天文愛好者可以擔任科學傳播者，而與參加者分享的不只是天文知識，還有他們自身的經歷和喜歡的故事，這些都是隔著屏幕不能得到的。

你不需要成為百科全書

人類的生命有限，天賦亦各有不同，加上資訊日新月異，要求每一個科學傳播者都熟悉各個科學範疇並不實際，也沒有必要，但也不代表要硬性分為不同科目的科學傳播者。知識本為一體，學習各種各樣的知識就像編織一個知識網，紮實的專科知識會形成知識網的中央部分，其他知識會像蜘蛛網般向外延伸。每當面對一個問題的時候，就能在自己的知識網上最接近的「點」開始，與其他「點」連成「線」，圍繞著問題產生自己獨特的思路。所以，即使是專科背景接近的科學傳播者，也可以有不同的思路，以不同的形式和創意傳播科學。

如果大家有耐性看到這裡，我應該可以假設大家已經明白了傳播科學的重要，有興趣做一個科學傳播者吧。大家可以先嘗試梳理自己的知識網，開始的時候可能比較小，但這不要緊，重要的是一步步擴大它。成為一個科學傳播者沒有捷徑，沒有標準答案，路亦不只一條，唯一不變的是需要長時間的不斷學習和實踐，學無止境。勿忘初心，共勉之。

你不需要成為百科全書

21 蝸牛與微生物學家

天還未亮，實驗室的窗外出現了一隻頂著螺旋槳的小東西，兩隻小蝸牛從裡面探頭出來，拋出有鉤的繩索勾住窗台，在確定穩固後，比較大的那隻小蝸牛帶頭滑下去，比較小的那隻也跟著。兩隻小蝸牛的殼上都掛著大背包，牠們小心翼翼地從窗戶打開了一點的地方鑽進去。

有一個人類正伏在窗邊的書桌上睡著了，書桌上放著散亂的資料和幾隻空的咖啡杯，相信是通宵工作的結果。兩隻小蝸牛把背包放下，把一堆「戰利品」拿出來，在書桌上整齊排好，牠們都覺得很自豪。大蝸牛找來一個公文袋，小蝸牛找來一堆標籤貼紙，牠們再從背包倒出筆記薄和文具，大蝸牛負責按筆記薄的記錄寫標籤，小蝸牛負責把物品放入公文袋。

一支來自克羅地亞的韋萊比特山脈地下洞穴的泥土
一張在美國加州金色穹頂洞穴內拍攝的照片
一隻周期蟬的蟬蛻
一張俄羅斯西伯利亞凍土地區的地貌照片
一節蚯蚓尾巴
一隻錄了植物與真菌在地底下交換的訊號的USB儲存

兩隻小蝸牛合力把公文袋綁好，在上面寫上小小的字。

是日幸運食物：夾著青瓜和紅蘿蔔的壽司卷
是日幸運衣著：棕色頸巾
是日幸運生物：水熊蟲
是日幸運娛樂：玩VR迷宮遊戲

牠們把公文袋推到人類旁邊，然後回到放在書桌一旁的透明盒子，牠們鑽進一堆菜葉，縮回殼裡，迷迷糊糊地說：媽媽晚安，然後甜甜地進入夢鄉。

陽光漸漸透進實驗室，微風吹過書桌上的資料，第一頁寫著：《Helen博士21個地底大探索》。

陳仔與阿囡的真身。

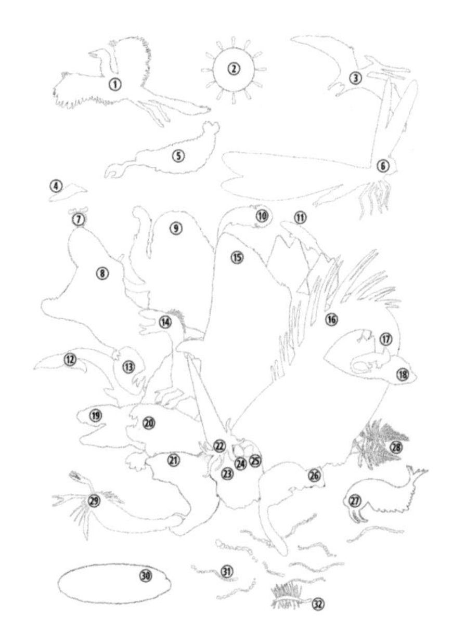

說明：

1.始祖鳥（侏羅紀）
2.太陽（誕生於46億年前）
3.翼龍（白堊紀）
4.昆明魚（寒武紀）
5.歐巴賓海蠍（寒武紀）
6.巨脈蜻蜓（石炭紀）
7.蟻仔阿sir（繪師）
8.暴龍（白堊紀）
9.猛獁象（第四紀）
10.柳胸螈（三疊紀）
11.棘被螈（泥盤紀）
12.龍王鯨（古近紀）
13.三葉蟲化石（奧陶紀）
14.始盜龍（三疊紀）
15.巨齒鯊（新近紀）
16.阿馬加龍（白堊紀）
17.笠頭螈（石炭紀）
18.劍龍（侏羅紀）
19.異齒龍（二疊紀）
20.鄧氏魚（泥盤紀）
21.腔棘魚（泥盤紀）
22.房角石（奧陶紀）
23.Helen博士（作者）
24.阿囡
25.陳仔
26.小古貓（古近紀）
27.奇蝦（寒武紀）
28.蕨類（石炭紀）
29.翼肢鱟（志留紀）
30.狄更遜水母（元古宙）
31.藍綠藻（太古宙）
32.怪誕蟲（元古宙）

寄語

謝謝你看到這裡。
最後，為大家送上一首詩的節錄。

To see a World in a Grain of Sand
And a Heaven in a Wild Flower,
Hold Infinity in the palm of your hand
And Eternity in an hour.
——William Blake

一沙一世界，一花一天堂。
無限掌中置，剎那成永恆。
——徐志摩譯

願各位在無限的知識海洋裡，得到剎那的滿足。

類似後記的漫畫

大家好，我們是Dr.Helen的孩子。
↑陳仔
←阿囡

我是伊貝，是畫師蟻仔阿sir的乖女。
我認得妳，妳常常在畫師的工作枱上睡覺，阻礙工作進度。

……

↑來自畫師IG

說回正題，爸爸跟Dr.Helen商討角色創作時曾討論過用Dr.Helen最珍愛的布偶，Kiwi還是蝸牛孩子們，最後還是決定用蝸牛。
是Kiwi大人！
原來媽媽有過這樣的內心掙扎

也要加入Kiwi大人——就是出現在Dr.Helen的T袖上。
竟然有這樣的一招

這是筆求人兒童科普系列第一集
Simba出場！

↑David博士21個宇宙大探索

這是筆求人兒童科普系列第二集
大寶細寶Turky出場！

↑Karen博士21個海洋大探索

然後來到第三集

↑Helen博士21個地底大

每集的封面插畫都包含全書內容，並且跟前後集數有所關連！
為了讓封面有所關連，爸爸絞盡腦汁、挖空心思、搜索枯腸、費煞思量、冥思苦想，最後靈光一閃，想到以彩沙表達地質年代表。

第三集的水樽跟第二集的水樽是同一款的
第二集的大王魷魚抓住了第一集的鯨魚
用上這麼
四字成語、不愧是中文老師的女兒。
厲害！

↑來自本書第5課

不過爸爸也會偷懶。例如第20課，本來是打算畫出角色及草地於月色下的少許輪廓，
よぞら
但後來趕時間，索性把一切塗黑算了。
也不必老實到如此地步吧……

爸爸繪圖時也會考慮到如何表達更好效果。例如第4課，爸爸畫完一個比較寫實的地球後，發覺改
很細心

↑來自本書第4課　↑來自本書第20課

是小古貓！

爸爸很喜歡這種大集合構圖，所以今次也以地質年代表的相關物種作成一個複雜的構圖。

↑來自《David21》　↑來自《Karen21》　↑來自本書第21課

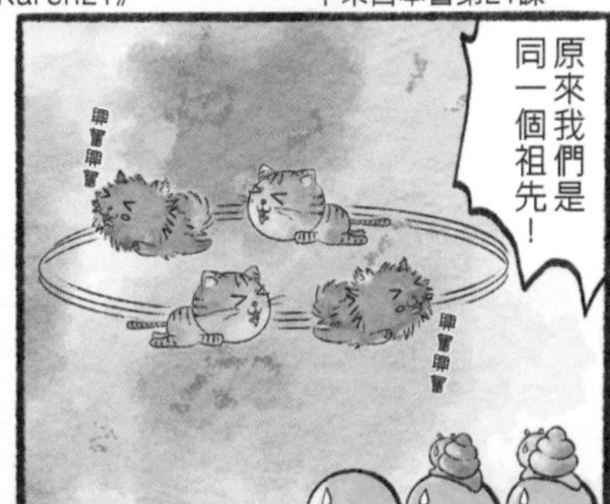

原來我們是同一個祖先！

提到古近紀的小古貓，
牠們同時擁有貓狗兩方的特徵：

小古貓離開森林轉居草原生活
演化為狗的同類，
繼續留居森林的則演化為貓的同類。

第18課的答案是甚麼？
我不懂英文字母的排序

抱歉，我有一個問題……

作者簡介:

馬學綸（Helen博士）

蝸牛兄妹陳仔和阿囡的人類媽媽，科學傳播者（Science Communicator）。

香港中文大學微生物學博士，曾於香港中文大學任教通識教育基礎課程。香港電台《五夜講場 - 真係好科學》節目主持，《上網問功課 - 同行抗疫》嘉賓，博物館導賞員。

Instagram / Facebook: drhelenma

繪師簡介:

文浩基（蟻仔阿sir）

嚴重中二病，從小妄想有異能，亦常幻想自己會被召喚往異世界。

在從無發生過任何奇蹟後改變自己信念：自己其實是從異世界轉生而來，成為了只有這個世界才有的「教師」，還掌握了異世界人民沒有的技能──「繪畫&寫作」。

搭檔吉祥物：伊貝，傲嬌屬性。

Instagram: mandom

Helen博士 21個地底大探索

蝸牛也懂的STEM自主學習

作者　　：馬學綸
繪圖　　：文浩基
出版人　：Nathan Wong
編輯　　：尼頓

出版　　：筆求人工作室有限公司 Seeker Publication Ltd.
地址　　：觀塘偉業街189號金寶工業大廈2樓A15室
電郵　　：penseekerhk@gmail.com
網址　　：www.seekerpublication.com

發行　　：泛華發行代理有限公司
地址　　：香港新界將軍澳工業邨駿昌街七號星島新聞集團大廈
查詢　　：gccd@singtaonewscorp.com

國際書號：ISBN 978-988-75976-7-4
出版日期：2023年7月
定價　　：港幣98元

筆求人
Seeker Publication

PUBLISHED IN HONG KONG